AF611158

INSTITUT NATIONAL AGRONOMIQUE.

PROGRAMME

PROPOSÉ POUR LE

COURS DE GÉNIE RURAL,

PAR A. BARRÉ DE SAINT-VENANT.

PARIS,

IMPRIMERIE DE BACHELIER,

Rue du Jardinet, 12.

1850.

INSTITUT NATIONAL AGRONOMIQUE.

PROGRAMME

PROPOSÉ POUR LE

COURS DE GÉNIE RURAL,

Par A. Barré de SAINT-VENANT (*).

AVANT-PROPOS.

Les élèves de l'Institut agronomique, qui doit être établi à Versailles paraissent destinés non-seulement à diriger des exploitations agricoles, mais encore à occuper des chaires dans les Écoles régionales, ou à exercer librement quelques professions spéciales, dont les leçons de l'Institut auront développé en eux l'aptitude, par exemple la profession d'*Ingénieur rural* s'occupant de projets d'irrigations, de défenses de rives ou de pentes, de dessèchements, ainsi que de bâtiments ou de machines dont la construction appellera à la campagne des fabrications qui s'opèrent dans des conditions moins avantageuses à la ville.

Les cours ne sauraient donner à de pareils hommes toute l'instruction nécessaire à leurs diverses destinations. Mais ils doivent les mettre sur la

(*) Extrait du Programme du Concours pour la Chaire de Génie rural :

« Le Cours de Génie rural devra être professé en deux années, pendant chacune » desquelles il sera fait quarante à cinquante leçons à chaque division. Cet enseignement » sera accompagné d'expériences aussi variées que possible. Elles seront faites et discutées » par les élèves, sous la direction du professeur, sur les différentes parties du Cours, et » des projets lui serviront d'application.... — Chacun des concurrents devra faire parvenir » en *dix expéditions*, au Ministère, sous pli cacheté et dix jours avant l'époque du Concours, » le Programme détaillé du Cours, tel qu'il le professerait s'il en était chargé. »

voie d'en acquérir progressivement le complément par eux-mêmes, en visitant et exécutant des travaux, en observant et éprouvant des procédés et des appareils, et en étudiant les descriptions et les calculs qui ont été donnés de leurs effets ou des proportions de leurs diverses parties, et cela, sans être obligés, pour pouvoir comprendre ce qu'ils verront ou liront, de se livrer péniblement, au milieu de leur carrière, à de nouvelles études fondamentales dont les affaires laissent bien rarement le loisir, et dont la nécessité trop sentie provoque plus souvent le découragement qu'elle ne stimule le zele.

Ils devront donc avoir puisé à la fois, dans cet Établissement, des procédés pratiques pour résoudre les questions qui peuvent se présenter à eux ordinairement, et quelques notions théoriques qui motivent ceux-ci, et leur permettent de les modifier suivant le besoin. On estime que la force scientifique de ces notions doit être intermédiaire entre celle de l'enseignement fait aux auditeurs du Conservatoire des Arts et Métiers et celle des cours de l'École centrale des Arts et Manufactures.

Nous allons donner, d'après ces prémisses, quelques considérations justificatives de notre programme.

On suppose qu'en entrant dans l'Établissement les élèves connaissent l'arithmétique, les éléments de géométrie et les quatre opérations fondamentales de l'algèbre, ainsi que la résolution des équations du premier et du second degré. Mais ils peuvent ignorer les procédés expéditifs, soit de calcul, soit de tracé, l'estimation du degré d'exactitude des résultats, se rappeler peu ce qu'ils seront le plus dans le cas d'appliquer dans la pratique, etc. Quelques séances devront donc être consacrées à une revue et à un complément d'études mathématiques élémentaires.

Les livres d'algèbre renferment une foule de choses qui leur seraient inutiles. Ainsi on ne devra point leur parler des méthodes enseignées, mais jamais employées, de résolution des équations de degré supérieur, etc. On n'a même pas l'intention de leur apprendre la formule des puissances d'un binôme malgré ses nombreuses applications. Mais il paraît indispensable de leur donner la théorie des logarithmes, quelques notions de trigonométrie et de projections, et l'usage général des lieux géométriques, ou des courbes tracées par abscisses et ordonnées pour représenter la dépendance mutuelle des quantités variant ensemble avec continuité, et pour remplacer le plus souvent les Tables numériques dont l'aspect ne dit rien sur leur loi de relation.

Et comme il n'y a guère de questions de mécanique dont la solution n'exige quelque différentiation ou intégration patente ou cachée, on dira aux élèves en quoi ces opérations consistent, on s'efforcera de les familiariser avec les considérations infinitésimales, et on leur en donnera les résultats les plus usuels.

Mais pour ne pas les effrayer par ces choses que peut-être ils auront entendu dire appartenir à la science transcendante, et qui, présentées sans transition, pourraient leur paraître d'un ordre tout nouveau, on aura soin de les y préparer, de les leur faire pour ainsi dire inventer, en leur faisant voir que ce rapport de petits accroissements simultanés appelé *coefficient différentiel* ou *fluxion* joue le même rôle, vis-à-vis de l'une des deux variables, qu'une foule de quantités que l'on considère journellement dans la pratique des choses de la vie. C'est, en effet, le revenu, le gain annuel ou journalier variable, comparé au bénéfice déjà réalisé. C'est aussi l'affluence, le débit d'une source, par rapport à ce qu'elle a déjà fourni à un bassin. C'est la déclivité, la roideur de la montagne, à la hauteur où se trouve parvenu celui qui la gravit ou la descend. C'est la vitesse d'une marche. C'est l'ardeur du soleil ou l'abondance des pluies faisant pousser la végétation. C'est, enfin, la croissance ou la décroissance plus ou moins rapide d'une chose, qui se mesure par la comparaison de ses états successifs (différentiation), et dont, réciproquement, la connaissance sert à déterminer ce que doit être cette chose à un instant ou à un lieu donné, quand on sait ce qu'elle est à un autre instant ou en un autre lieu (intégration).

Moyennant ces comparaisons, celles surtout que l'on tirera naturellement des *pentes* des profils courbes de nivellement que l'on aura appris préalablement à construire (et qui donnent en même temps une idée fort pratique des courbes établies par coordonnées), on pourra sans crainte apprendre aux élèves la valeur des signes ordinaires de différentiation et d'intégration, et s'en servir ensuite hardiment, de même qu'aujourd'hui l'on emploie, jusque dans les écoles primaires, les signes +, — et =, réservés naguère aux seuls algébristes.

On comprend qu'un dx ou un $\int$, écrit sur le tableau, suffise pour rebuter et faire déserter un certain nombre d'auditeurs des cours destinés aux ouvriers des villes, et que l'expérience qu'en ont pu faire les savants dévoués à cet utile enseignement les mette dans l'incommode nécessité d'user d'expédients, de revenir plusieurs fois sur des raisonnements déjà faits, de n'employer que des majuscules pour désigner les quantités finies, en réservant les petites lettres pour leurs incréments infinitésimaux, etc. Cela résulte de l'hétérogénéité et de la variabilité de leur auditoire. Mais, à

Versailles, on se trouvera dans des conditions plus heureuses : un auditoire constant et préparé saura la valeur et l'usage des signes analytiques une fois bien expliqués.

Cette explication et cette connaissance seront d'ailleurs une nécessité pour les élèves, afin qu'ils puissent lire les Mémoires de mécanique appliquée et les livres de technologie qui (comme le nouveau *Dictionnaire des Arts et Manufactures*) commencent à faire un grand usage de l'analyse infinitésimale. Il serait fâcheux que, sortant de l'Établissement avec des connaissances avancées en physique, en chimie et en physiologie, de manière à pouvoir aborder la lecture de tout ce qui traite de ces sciences, ils fussent dans le cas de reculer devant celle d'autres écrits qui n'intéressent pas à un moindre degré le succès et le profit net des opérations agricoles.

On peut voir ci-après, au reste, que l'on a l'intention de consacrer fort peu de temps à cette partie analytique de l'enseignement. On se servira, toutes les fois que cela sera possible, de la considération des aires ou des tangentes peignant aux yeux les intégrales et les différentielles, et la manière de les calculer par approximation. Le langage graphique, qui parle aux sens, sera presque constamment employé, et même imposé dans les compositions, comme donnant aux praticiens d'excellentes habitudes.

A propos des projets de bâtiments ruraux, et de ponts ou d'aqueducs sur les canaux, on donnera quelques notions de géométrie descriptive, mais presque exclusivement par la méthode des *plans cotés*. Un cultivateur qui veut bâtir peut bien appeler à son aide, pour les détails de l'édifice, un constructeur de profession. Mais lui-même, sans cesse sur les lieux, intéressé à envisager les solutions sous toutes leurs faces, il saura bien mieux que cet auxiliaire passager, s'il possède quelques principes, arrêter le projet des *abords* des ouvrages et bâtiments, c'est-à-dire de ces combinaisons variées de rampes, de terre-pleins horizontaux ou légèrement déclifs, de talus plans, coniques ou conoïdaux, au moyen desquels on ménage l'espace, on économise les mouvements de terre et même les maçonneries, et l'on satisfait au plus grand nombre possible de convenances quant au virement des voitures, aux chargements, à l'abreuvage des bestiaux, à la circulation générale, à l'emplacement des fumiers, à l'écoulement des eaux, etc., etc.

Ces exercices auront encore l'avantage de faire contracter aux élèves cet esprit géométrique qui est bon à tout, qui est même généralement, dans les choses susceptibles d'être pesées ou mesurées, la meilleure des logiques : esprit dont l'abus ne vient jamais, après tout, de ce qu'on lui est réellement infidèle en ayant l'apparence d'être dominé par lui.

Au reste, on ne perdra point de vue la destination essentielle des élèves, et l'on se gardera bien de leur présenter un excès de raisonnements scientifiques qui rebuteraient les uns, et qui entraineraient les autres hors de leur voie en en faisant des hommes de théorie, fiers de leurs initiations nouvelles et dédaigneux à l'égard des travaux plus humbles de la pratique. La science leur sera toujours présentée comme la servante de l'art; et l'on tâchera de leur donner la conviction modeste que, tant que l'habitude d'exécuter n'aura pas converti chez eux les méthodes en sentiment, et ne leur aura pas acquis une expérience, ils ne sauraient trop avoir, pour les anciens de chaque métier, de cette déférence qui est la voie véritable du progrès, et qui n'exclut pas le contrôle.

On s'efforcera aussi de leur présenter les choses de la manière la plus sensible et la plus aisée. On est convaincu que tout théorème simple est susceptible d'une démonstration simple, qui est en même temps, à le bien prendre, la plus vraie et la plus rigoureuse, malgré des apparences de manque de rigueur.

On appliquera cette observation surtout à la mécanique. Ses principes fondamentaux peuvent s'exposer en peu de mots en ramenant les forces à des mouvements qui se composent ensemble comme ces grandeurs linéaires juxtaposées bout à bout, dont on fait entrer la considération fort simple dans beaucoup de démonstrations de géométrie depuis quelques années, et que l'on n'a besoin de projeter sur des axes fixes que lorsque l'on en vient au calcul final des résultats de ces compositions.

Si, après avoir présenté ce qu'il y a de plus élémentaire dans la mécanique d'un point matériel, on ajourne les développements et les expériences sur ce premier sujet, et l'on passe tout de suite aux systèmes de points, c'est afin de faire envisager les choses le plus tôt possible dans leur réalité, et de bien faire voir ce qu'on doit entendre lorsqu'il est question de l'action d'une même force successivement sur plusieurs points, bien que, à proprement parler, elle ne puisse agir que sur un seul, etc.

Après avoir donné ces explications sur la manière dont les principes sont exposés, il reste à motiver, sur plusieurs points, le choix qu'on a fait des matières, entre un nombre pour ainsi dire indéfini de sujets intéressants.

On pense que la *technologie agricole,* ou la description des arts et métiers qui peuvent intéresser l'agriculture, devra être partagée entre plusieurs professeurs. Ainsi, comme cela se fait au Conservatoire, le professeur de Chimie devra exposer les arts chimiques, ceux même qui font usage de quelques machines compliquées. Le professeur de Génie rural exposera les arts dont la mécanique fait presque tous les frais.

Ainsi, la boulangerie, la fabrication des pâtes, la féculerie, la sucrerie, la tannerie, appartiendront entièrement au cours de Chimie. Le cours de Génie rural comprendra tout ce qui se rapporte à la meunerie, au battage, au nettoyage et à la conservation des grains, au broiement du tan, à l'extraction des huiles, au pressurage des marcs de raisin. On pourra y joindre la fabrication des chaux, des briques et des pouzzolanes artificielles, à cause de leur rapport intime aux constructions, bien que les principes qui y président doivent être exposés dans le cours de Chimie.

Le professeur de Physique, de Météorologie et de Géologie donnera, on le suppose, les propriétés générales des liquides, des gaz et des vapeurs, les udomètres, anémomètres, manomètres, la formation des nappes d'eau souterraines et les caractères géologiques qui peuvent faire présumer leur existence à telle ou telle profondeur. Le professeur de Génie rural donnera l'hydraulique, les procédés de jaugeage des eaux, les roues qu'elles font mouvoir, les ailes à vent, la recherche par sondage et la mise à jour des eaux jaillissantes, la construction des fourneaux et chaudières à vapeur, et l'emploi de ce dernier fluide comme moteur.

Au cours d'Agriculture appartiendra nécessairement la connaissance et l'usage des nombreux instruments de labourage, de hersage, etc. : le professeur de ce cours devra, on le pense, donner leurs dessins, les détails de leur construction, et, jusqu'à un certain point, le calcul de leurs effets, fondé sur les principes les plus généraux de la mécanique ou au moins de la statique élémentaire. Mais le professeur de Génie rural devra le seconder en analysant les résistances et la transmission des efforts sur les instruments aratoires des principaux modèles, autant que peut le permettre la connaissance actuelle de ces résistances, et en donnant l'épure de la construction des versoirs selon les rôles divers qu'on se propose de leur faire remplir

Le professeur d'Agriculture devra sans doute indiquer les effets des irrigations et des desséchements, l'époque et le nombre des arrosages, et donner, par conséquent, son opinion sur la quantité comme sur la qualité de l'eau qu'elles exigent, et sur le choix, suivant les circonstances, entre les différents moyens de répandre ce liquide à la surface du sol ou entre ses pores, et de retirer l'excédant. Mais le professeur de Génie rural devra, aussi, discuter sévèrement les quantités d'eau et le nombre des répandages. Appelé à enseigner les moyens de se la procurer, à estimer les dépenses considérables de son approvisionnement et de sa conduite sur les lieux, il est nécessaire qu'il recherche soigneusement les moyens et la possibilité de l'économiser, d'en réduire l'emploi au strict nécessaire. Il est, aussi, de sa compétence de s'occuper du mode d'étendage de l'eau, jusqu'au moindre filet, qui est essentiellement lié au canal primitif, et soumis, comme celui-ci, aux lois de l'écoulement, qui dépend du ménagement des pentes.

Si, en parlant ainsi jusqu'à un certain point des mêmes choses, les deux professeurs donnent des chiffres légèrement différents, il n'en résultera pas confusion ni contradiction. L'un des deux aura été censé enseigner le *désirable*, l'autre le possible, le suffisant, à quoi il conviendra de se borner dans l'occasion, et qui, moyennant les soins et les expédients qu'il indiquera, produira presque les mêmes résultats.

On croit devoir insister d'autant plus sur cette nécessité de comprendre, dans le cours de Génie rural, jusqu'aux détails de la pratique des arrosages, que la plupart des écrivains paraissent avoir exagéré les quantités d'eau, que ce liquide est prodigué et gaspillé presque partout, et que les ouvriers de la Lombardie, des Vosges, de Siégen, *campari* ou *constructeurs de prés*, auxquels les ingénieurs hydrauliciens, généralement trop dédaigneux, abandonnent l'œuvre de la préparation du sol, et qui n'y emploient pas d'autres instruments que les jalons et le cordeau, paraissent faire en terrassements, déplacements de gazons et régalages, avec leurs lignes droites ou brisées dont ils ne se départissent pas, beaucoup plus de dépense qu'il n'est nécessaire pour conduire partout une eau courante facile à évacuer. L'économie d'eau et l'économie de dépense paraissent deux conditions absolument essentielles à la propagation des irrigations en France, et à leur compatibilité avec les usines.

A propos de l'économie des constructions, et de la comparaison des systèmes durables et coûteux avec les systèmes peu chers et d'une durée moindre, on donne les formules des intérêts composés et des annuités, fondées sur les progressions et calculables au moyen des logarithmes quand on n'a pas de Tables spéciales. Comme les mêmes formules s'appliquent à de nombreux sujets intéressant l'agriculture, et sur lesquels elles peuvent, seules, donner des lumières quelque peu sûres, on exerce leur emploi sur les estimations de sols boisés et aménagés, sur les amortissements, sur les caisses de retraites, etc., et l'on donne, à cette occasion, quelques notions sur les lois de mortalité et sur le calcul des probabilités, qui semble, au reste, plus applicable aux spéculations agricoles qu'à toutes autres, vu leur dépendance continuelle de l'état aléatoire des météores et des mercuriales. Les calculs de ce genre, placés dans les cours d'Économie rurale et de Sylviculture, seraient peut-être moins facilement saisis, à moins qu'on ne les fît toujours précéder de la démonstration des formules algébriques qui y conduisent.

En fait d'Architecture, il est essentiel que l'administrateur d'un grand domaine sache projeter les dispositions générales et les distributions, se rendre compte du développement d'un escalier, faire le trait d'une charpente sans s'astreindre à dresser lui-même l'épure de tous les assemblages dont il devra cependant connaître la destination et les effets. Il devra apprécier les méthodes de construction et de fondation, et évaluer toutes les dépenses, dont l'estimation le déterminera souvent à changer ses projets. Les quelques mots que, d'après le programme, on propose de consacrer aux *ordres* et à l'art de profiler des corniches et des entablements, ne doivent point étonner; on les croit inévitables, car les bâtiments d'habitation, même les plus modestes, emploient nécessairement plus ou moins ces formes grecques et romaines dont on ne peut guère s'écarter sans choquer les yeux, à moins qu'on n'adopte évidemment le style propre à quelque autre époque de l'art. On les emploie jusque dans les constructions de machines, par exemple dans les beffrois de moulins à blé et leurs supports en fonte.

On croit nécessaire de donner les méthodes d'évaluation de la résistance des pièces solides, mais sans passer par le calcul de leur flexion, qui est ordinairement inutile à considérer.

Au sujet des irrigations, des dessèchements, des défenses et des conquêtes de terrains, on croit devoir parler des grands travaux comme des petits, car l'État se retire de plus en plus des entreprises, il devient même presque impuissant à les provoquer, et il y a lieu de présumer que les élèves de Versailles seront un jour les principaux promoteurs de ces opérations si profitables au pays.

Nous espérons que les autres parties de notre programme se justifient à peu près d'elles-mêmes. Bien qu'un cultivateur ne puisse guère se faire constructeur de machines à mouvements précis et compliqués, comme sont les machines à vapeur, et qu'il ne doive même y recourir et en acquérir qu'avec précaution et après s'être bien rendu compte des ressources du pays en ouvriers pour l'entretien, il doit cependant, puisque leur emploi se propage de plus en plus, les connaître, se rendre compte de leur mécanisme, de leurs effets, de la dépense qu'entraîne l'usage qu'on en fait. Il doit être capable de faire faire, par des ouvriers à sa portée, des roues hydrauliques, des manéges et des ailes à vent, et de projeter lui-même les dispositions propres à les faire servir à un travail déterminé qu'il a en vue. Aussi l'on a compris au programme l'énumération des moyens de faire communiquer à certaines pièces des mouvements déterminés, par d'autres qui sont animées de mouvements différents; les détails d'assemblages, d'embrayages, etc. L'expérience de la première année de cet enseignement sera nécessaire pour montrer les points sur lesquels il sera nécessaire de se restreindre.

Revue d'Arithmétique.

Moyen d'abréger les tâtonnements en faisant une division. — Simplification pratique des fractions ordinaires en essayant divers diviseurs communs aux deux termes sans rechercher *le plus grand* d'entre eux. — Leur simplification ultérieure par approximation.

Multiplication et division abrégée des nombres avec chiffres décimaux. — Vérification mentale et en bloc, sans laquelle on risque de se tromper dans le rapport de 1 à 10. — Détermination de l'ordre d'exactitude du résultat, et sa limitation aux chiffres certains.

Système métrique. — Erreurs graves à éviter dans les désignations de superficies et de volumes. — Réduction prompte d'anciennes mesures par des rapports simples.

Revue de Géométrie.

Tracé pratique d'une tangente à une ou deux courbes. — Recherche du point de contact quand il n'est pas donné. — Mesure, au seul compas, de la distance d'un point à une ligne droite ou courbe. — Tracé pratique des parallèles, sans équerre. — Trait carré des charpentiers. — Partage de droites ou d'arcs en parties égales, par tâtonnement. — Cercles passant par des points donnés, ou tangents à des droites données. — Réduction ou amplification d'une figure plane.

Exercices sur les aires et sur les volumes (*voyez* plus loin). — Ce qu'on appelle *hauteurs* ou *largeurs moyennes*.

Généralités sur la méthode des *projections*. — Plans, élévations et coupes des figures. — Exercices. — Modèles en relief.

Revue et complément d'Algèbre.

Des proportions, considérées comme l'égalité de deux fractions. — Conséquences. — Transformations. — Partage d'une quantité en d'autres proportionnelles à des nombres donnés. — Moyenne de plusieurs quantités. — Valeurs ou densités moyennes.

Rappel de l'interprétation des solutions négatives, indéterminées, infinies, par l'extension de l'énoncé d'un problème. — Expulsion des radicaux du second degré du dénominateur des fractions.

Exposants fractionnaires. — Exposants négatifs.

Propriétés des logarithmes (on ne donnera pas la manière de les calculer).

Usage des Tables de logarithmes, et de toutes les Tables en général, par la méthode d'intercalation proportionnelle. — Opérations à l'aide des logarithmes. — Racines de degré quelconque. — Règle à calcul. — Abaque.

Notions de Trigonométrie.

Sinus, cosinus et tangentes, définies par des rapports de projections entre elles ou avec les lignes projetées. — Sinus et cosinus d'angles négatifs ou plus grands que deux droits; de la somme ou de la différence de deux angles; du double ou de la moitié d'un angle.

Table des *flèches de courbure* correspondant à divers rayons, à diverses cordes, à diverses longueurs des arcs.

Rapport de l'aire d'une surface plane à l'aire de sa projection.

Projection d'une droite ou d'une aire, en fonction des projections de ses projections. — Chemins polygonaux et chemins directs.

Résolution d'un triangle rectangle. — *Idem* non rectangle.

Levée des Plans.

A la règle et au cordeau (par les côtés et les diagonales). — Avec la chaîne et les jalons pour des étendues plus grandes. — Niveau de maçon ou niveau de poche à bulle d'air pour avoir les projections horizontales des longueurs.

Coupes et élévations de bâtiments.

Équerre d'arpenteur pour relever plus expéditivement les détails. — Première idée, à ce sujet, des abscisses et ordonnées.

Graphomètre, boussole, planchette. — Triangulation.

Distances d'objets inaccessibles. — Hauteurs d'arbres.

Arpentage. — Partage de parcelles dans des rapports donnés. — Du cadastre communal. — Usage qu'on peut en faire.

Exercices sur le terrain.

Nivellement.

Niveau d'agronome, à perpendicule. — Tracé en pente donnée, par son moyen.

Niveau d'eau. — Condition pour que, lorsqu'on le tourne autour d'un axe non vertical, le liquide contenu donne toujours le même plan horizontal.

Mire à voyant. — Mire à lecture directe. — Maximum de distance des indications exactes.

Carnet de nivellement. — Calcul expéditif et sûr des côtes par rapport à un même plan horizontal. — Construction d'un profil. — Seconde idée des abscisses et ordonnées.

Des pentes. — Les calculer au moyen des hauteurs successives, et obtenir réciproquement celles-ci par celles-là. — Simple avertissement que la différentiation et l'intégration, dont on sera obligé de parler aux élèves, ne sont pas autre chose que cela.

Niveau de pente, à pinnules.

Niveau à bulle d'air et à lunette, d'Égault. — Conditions d'exactitude.

Exercices nombreux.

Idée des nivellements géodésique et barométrique (*voyez* plus loin).

Topographie.

Diverses manières de représenter le relief du sol. — Coupes horizontales. — Hachures de plus grande pente. — Plans cotés. — Altitudes.

Signes et teintes conventionnels pour les diverses cultures, etc.

Cartes communales, en s'aidant du cadastre.

Configuration générale de la surface de la terre. — Faîtes. — Thalwegs. — Subordination de ceux de divers ordres. — Rameaux. — Vallons. — Points les plus bas d'un faîte, et inductions pour leur recherche. — Bassins des cours d'eau.

Notions de Géométrie analytique et de Calcul infinitésimal.

Application simple des signes et des règles de l'Algèbre à des problèmes de Géométrie. — Exemples pratiques. — Homogénéité des équations.

Représentation, par une courbe, d'une suite de nombres qui se correspondent, et dont on possède la Table. — Abscisses et ordonnées. — Exemples tirés de la suite des températures, ou des hauteurs de marée, ou du cours des mercuriales.

Représentation graphique d'une équation. — Variables. — Lieux géométriques.

Équation d'une droite tirée d'un point donné sous une pente donnée. — Équation du cercle.

Usage des courbes pour résoudre graphiquement toutes sortes d'équations à une inconnue. — Cas où l'on a besoin d'une approximation plus grande ; méthode des sécantes ou de tâtonnement raisonné par différences proportionnelles successives, comme si l'on répétait plusieurs fois l'opération déjà connue qui sert aux intercalations dans l'*usage des Tables*, en l'étendant quelquefois à des points hors de l'intervalle des deux nombres consécutifs ; manière la plus expéditive d'arriver ainsi à un degré d'exactitude quelconque, et de se garantir de toute erreur. — Application de la même méthode à des problèmes qui ne sont pas même posés en équation, mais dont on peut vérifier la solution, soit par des mesures, soit par une expérience.

De la continuité. — Usage des infiniment petits. — Démonstration brève, en les employant d'une manière patente, des théorèmes que les livres de géométrie démontrent moins simplement.

Pentes des courbes représentatives ou de leurs tangentes. — Différences infiniment petites et leurs rapports, exprimant la rapidité relative des variations en plus et en moins. — Exemples nombreux de l'emploi habituel de ces rapports (appelés *coefficients différentiels, dérivées, flux* ou *fluxions*, par les géomètres) dans les choses de la vie commune ou de l'industrie (*voyez* ci-dessus, *Avant-Propos*).

Quantités infiniment petites par rapport à d'autres infiniment petites. — Différence entre une perpendiculaire et une oblique qui s'en écarte infiniment peu.

Quel que soit l'exposant m, on a $(1 + i)^m = 1 + mi$, si i est infiniment petit. — Démonstration simple, sans invoquer la formule du *binôme*. — Application à la détermination des dilatations linéaires par les dilatations cubiques.

Valeurs du rapport des petites différences simultanées. — Pour x^m. — Pour $\sin x$, $\cos x$, $\tan x$, $\log x$ et leurs inverses. — Pour xy, pour $\frac{y}{x}$. — Pour une fonction d'une ou deux autres fonctions.

Maxima et minima (exposition simple, au moyen des courbes). — Faible variation d'une quantité continue, aux approches de sa plus grande ou de sa plus petite valeur.

Réciproquement, ce rapport étant donné, ainsi que l'une des valeurs de la fonction, trouver une autre quelconque de ses valeurs. — Exemples de l'usage habituel et obligé de cette opération (appelée *intégration*) dans les choses les plus communes. — Fonctions les plus simples.

Parabole, considérée comme une courbe où la *pente* des éléments croît uniformément avec l'abscisse. — Aire d'une portion de surface plane comprise entre une droite et une parabole.

Méthode générale d'évaluation exacte d'aires terminées par d'autres courbes.

Évaluation approchée en remplaçant ces courbes, 1° par des lignes à pente constante, ou des lignes droites; formule trapézoïdale; 2° par des lignes à pente uniformément croissante, c'est-à-dire des paraboles ayant leur axe parallèle aux ordonnées; formule de Thomas Simpson.

Emploi du papier quadrillé transparent. — Planimètre, etc.

Intégrations approximatives par les mêmes moyens.

Évaluation des volumes (*voyez* plus loin, aux chemins ruraux, pour le volume des déblais, autrement évalué).

Jaugeage des tonneaux.

Divers tracés de la parabole. — Tracés les plus commodes pour le raccordement parabolique de deux droites, soit sur le papier, soit sur le terrain. — Courbes parallèles.

Tracé de courbes continues, composées soit de paraboles, soit d'arcs de cercle, et satisfaisant approximativement à des conditions voulues.

Ellipse, définie comme un cercle contracté (comme on contracte les profils de nivellement en prenant des échelles différentes pour les longueurs et pour les hauteurs). — Ce que deviennent les diamètres précédemment perpendiculaires.

Hyperbole, définie comme une courbe dont l'ordonnée est en raison inverse de l'abscisse, et prise comme fournissant le type de la loi des quantités qui décroissent indéfiniment sans devenir jamais nulles. — Considérations pratiques. — Exemples de ces quantités dans les choses communes. — Faux raisonnements que cette considération fait éviter.

Quelques mots sur la spirale, les développantes, l'épicycloïde, l'hélice; sur la sinusoïde, comme type de la loi de périodicité.

Idée de la représentation des surfaces par trois coordonnées. — Analogie avec la méthode topographique par coupes parallèles, ou par longitudes, latitudes, altitudes.

Surfaces cylindriques, coniques, de révolution. — Tore. — Surfaces gauches. — Hélicoïde.

Revue de Cosmographie élémentaire

(à moins que le professeur de Géologie n'en soit chargé).

Connaissance des constellations et des planètes visibles à l'œil nu.

Cours et phases de la lune. — Marées. — Jour sidéral. — Jour solaire. — Mesure du temps.

Détermination de l'inclinaison des rayons du soleil, à un instant quelconque de l'année, tant sur l'horizon d'un lieu que sur un terrain ayant une pente et une orientation données. — Inclinaisons moyennes résultant de l'exposition d'un sol.

Mécanique générale.

Changements de distance. — Déplacements et mouvements par rapport à la terre, ou par rapport à un autre système. — Définition de la Mécanique. Sa division.

Cinématique d'un point matériel, ou lois **géométriques** *de son mouvement.*

Déplacements successifs sans avoir égard au temps. — Espaces rectilignes parcourus l'un après l'autre par un point, parallèlement à des directions et dans des sens donnés. — Déplacement ou espace *résultant.* — Il est indépendant de l'ordre de *composition*, ou de l'ordre de succession des espaces *composants.* — Diagonale du parallélogramme dans le cas de deux déplacements seulement. — Déplacements infiniment petits. — Réduction des constructions à des calculs au moyen des projections.

Du temps et de sa mesure entre deux instants. — Chronomètres avec ou sans pointages. — Indication anticipée des moyens employés pour apprécier des fractions extrêmement petites de la seconde dans les expériences.

Déplacements en prenant en considération le temps. — 1°. Mouvement rectiligne uniforme. — Vitesse. — Problèmes sur le mouvement uniforme en ligne droite. — Mouvement rectiligne varié. — Vitesses successives. — Leur détermination par les espaces. — *Gains* de vitesse, finis ou infiniment petits. — Accélérations (positives ou négatives), ou gains rapportés à l'unité de temps. — Leur détermination par la suite des vitesses.

Représentation du mouvement par des courbes ayant pour ordonnées soit les espaces, soit les vitesses.

Mouvement uniformément varié. — Mouvement périodique.

Appareils à style qui déterminent les lois du mouvement d'un point, en traçant d'eux-mêmes des courbes ayant les temps pour abscisses et les espaces pour ordonnées. — Mouvement d'horlogerie; rouleaux de papier et fusées compensatrices. — Abscisses angulaires et ordonnées verticales. — Cylindre vertical tournant. — Abscisses angulaires et ordonnées suivant le rayon, ou abscisses et ordonnées angulaires autour de deux centres différents de rotation. — Relevé et transformation en coordonnées ordinaires.

Loi de la chute d'un corps en un point déterminé de la terre. — Relations entre le temps, la vitesse, l'espace. — Vitesses *dues* à des hauteurs données.

2°. Mouvement curviligne. — Vitesse et sa direction à chaque instant. *Gain de vitesse* (dans le sens où l'ont entendu d'Alembert et Carnot), ou ligne qui, *composée* géométriquement avec une vitesse à un instant, donne pour résultante la vitesse à un instant subséquent. — *Accélération géométrique,* ou quantité linéaire obtenue en divisant un gain élémentaire de vitesse par le temps infiniment petit de son acquisition, quantité qui joue dans le mouvement curviligne le même rôle que l'accélération algébrique dans le mouvement rectiligne.

Cette quantité étant connue pour chaque instant, en déduire la suite des vitesses; et, des vitesses, déduire la suite des positions du point, soit au moyen d'un tracé par petites lignes, soit par les projections et un calcul exact ou approché.

Lois **physiques** *du mouvement d'un point matériel.*

Faits qui prouvent que les vitesses ne changent jamais instantanément d'une manière finie. — Direction horizontale de la tangente à l'origine de la courbe tracée sur un cylindre tournant par un point d'un corps qui tombe. — Compression des corps qui se choquent, quelque durs qu'ils soient. — Mesure de la durée du choc, et loi observée du mouvement du corps choqué. — Balle à travers une vitre, etc.

Forces ou actions. — Ce qui arrive quand nous faisons effort sur un mobile. — Il prend un vitesse, ou sa vitesse déjà acquise change en se *composant* géométriquement avec une autre vitesse dirigée dans le sens où nous exerçons notre *action* ou notre *force*, et la nouvelle vitesse subsiste après que cette action a cessé.

Faits prouvant que ces changements géométriques *sont indépendants des vitesses déjà acquises.* — Mouvements que nous donnons dans un bateau, ou bien sur terre ferme sous diverses orientations.

Force attribuée par analogie aux autres êtres, même inanimés, dans la direction desquels nous voyons constamment un mobile prendre une vitesse, ou changer sa vitesse acquise lorsqu'ils sont dans de certaines relations de position avec lui.

Ces changements sont aussi indépendants des vitesses antérieures. — Définition des *forces* comme quantités linéaires proportionnelles aux changements de vitesse qui surviennent constamment dans des circonstances déterminées.

Mesure des forces par la mesure de ces changements ou *accélérations géométriques.* — Pesanteur constante sur un même point en un même lieu d'après la parabole tracée sur le cylindre tournant. — Expérience de la chute simultanée de divers corps dans le vide, prouvant que cette force est égale pour tous les points matériels. — Expérience du mouvement parabolique d'un corps lancé, confirmant l'indépendance de son action et de la vitesse acquise. — Variabilité de la pesanteur avec la latitude et avec l'altitude. — Sa valeur $9^{m},809$ à Paris.

Graduation d'un ressort, pour le faire servir de *dynamomètre* en mesurant, à divers degrés de tension, les accélérations qu'il imprime au premier instant de sa détente (on verra plus loin un autre moyen).

Forces agissant simultanément sur un même point. Ce point éprouve, dans un temps infiniment petit, le même changement ou gain de vitesse que si elles agissaient l'une après l'autre, chacune pendant le même temps; en sorte qu'elles peuvent être remplacées par une force unique représentée en grandeur et direction par la résultante géométrique des lignes qui les représentent individuellement, et que cette résultante géométrique est nulle quand le point est en équilibre.

Expériences qui prouvent cette loi. — Équilibre, ou immobilité d'un petit corps, sous l'action de deux ressorts égaux et également tendus. — Même équilibre, par l'intermédiaire de fils pour s'assurer d'abord que ceux-ci transmettent les actions sans changement. — Puis, équilibre d'un petit corps, sous la traction de trois fils tirés par des dynamomètres semblables, inégalement tendus, et mesurage des trois tensions et des trois angles, que l'on trouvera constamment être ce qu'il faut pour que la loi annoncée s'observe. — Même résultat avec plus de trois ressorts. — Mêmes expériences faites plus commodément en substituant, aux ressorts, des poulies de renvoi et des poids, après avoir mesuré, par les indications d'un même ressort gradué, les forces exercées par les fils tendus de cette seconde manière.

Des systèmes de plusieurs points matériels.

Action et réaction. — Faits qui prouvent que les points des corps se comportent comme s'ils s'attiraient et se repoussaient mutuellement. — Mouvement de l'extrémité d'une tige quand on tire ou pousse son autre extrémité. — Résistance, ou cessation prompte du mouvement de rapprochement ou d'écartement qu'on imprime à ses parties, etc.

Faits qui prouvent que l'*action et la réaction sont égales et opposées.* — Immobilité de toutes les parties d'une tige ou d'un fil. — Action de deux ressorts également fléchis, pressant ou tirant ses extrémités. — Mouvement égal et opposé des deux extrémités d'un ressort en hélice tendu, lâchées ensemble. — Mouvement égal et opposé que prennent deux petites masses égales suspendues à des fils lorsqu'on les électrise tout à coup. — Égalité de la vitesse perdue par un corps à la vitesse gagnée par un corps égal, soit élastique, soit mou, lorsqu'ils se sont choqués; les vitesses avant et après le choc étant mesurées, soit au compteur à style, soit à l'appareil de Mariotte, où les corps sont suspendus à des fils, et parcourent des arcs de cercle convenablement gradués, etc.

Conséquence. — Destruction mutuelle des *forces intérieures* quand on prend la résultante géométrique générale des forces agissant sur les divers points d'un système, et nullité de la résultante géométrique des *seules forces extérieures* quand il y a équilibre.

Des poids. Mesurage statique de toutes les forces ou résultantes de forces par des poids.

En appelant *poids* d'un corps, ou système de points matériels, la somme des actions de la pesanteur sur tous ses points, il résulte de ce qui vient d'être établi, que toutes les fois qu'une ou plusieurs forces, en agissant sur un ou plusieurs de ces points, empêchent le corps de tomber, cette force, ou la résultante géométrique de ces forces, est égale et opposée à ce poids, qui, en conséquence, peut lui servir de mesure.

Graduation des ressorts dynamométriques plus commodément et plus exactement que par la mesure des accélérations, en y faisant agir à la fois un nombre connu de poids préalablement reconnus égaux, soit par l'identité de volume et de matière, soit par la même flexion donnée par chacun d'eux séparément.

Peson commun. — Peson en hélice. — Défaut du dynamomètre de Regnier. — Dynamomètres à deux lames droites et à articulation. Leur construction. Lames prismatiques. Lames d'épaisseur variable (par anticipation).

Pesage, ou comparaison des poids entre eux par ce moyen.

Définition du kilogramme; son adoption pour unité de forces dans une même localité.

Masses. Mouvements moyens. Centres de gravité. Quantités de mouvement.

Faute de pouvoir *peser* les forces individuelles sollicitant les points isolés, on ne fait entrer dans les calculs que des forces ou actions *totales,* résultantes géométriques de forces extérieures agissant sur des groupes d'un certain nombre de ces points supposés semblables. Ces forces totales ont, avec une certaine *moyenne* des vitesses des points, multipliée par le nombre de ceux-ci, la même relation qu'ont les forces individuelles avec les vitesses qu'elles engendrent. Si donc on appelle *masse* d'un groupe une quantité proportionnelle au nombre de ses points, et si, pour rendre les calculs plus commodes, on choisit pour unité de masse celle d'un groupe auquel l'unité de force donne l'unité de vitesse en agissant sur lui d'une manière constante dans l'unité de temps, toute force doit être regardée comme égale au produit de la *masse* d'un corps par l'*accélération géométrique* qu'elle lui imprime (1).

Ce coefficient, appelé masse, est ainsi le quotient du poids par $9^{m},809$ à Paris. Il est constant partout, tandis que le poids varie d'un lieu à l'autre.

Pour que la vitesse prise pour moyenne de celle des points du groupe remplisse la condition dont nous parlons, il faut que ce soit celle du point dont les distances à tous ceux du groupe ont une résultante géométrique nulle.

Ce point est appelé *centre de gravité*.

Propriétés de ce centre.

Recherche géométrique de sa position dans les corps *homogènes* ou groupes composés de points matériels également distribués et en nombre extrêmement grand. — Ligne droite. — Ligne brisée. — Arc de cercle. — Triangle. — Trapèze. — Portion de cercle. — Aire parabolique. — Prisme. — Pyramide. — Figure quelconque par une méthode d'intégration approximative.

Centre de gravité d'un système de plusieurs groupes.

Action et réaction totales de deux groupes ou masses. — Sont égales et opposées comme entre deux points égaux. — Mais engendrent des accélérations réciproques aux masses des groupes.

Points matériels inégaux, s'il en existe, se comportent comme les groupes de points égaux. — Masses infiniment petites de ces points.

Quantité de mouvement d'un point ou groupe élémentaire.

Quantité de mouvement d'un corps ou système. — C'est la résultante géométrique des vitesses de ses éléments, multipliées respectivement par leurs masses. — La même chose que le produit de la masse totale par la vitesse du centre de gravité.

Le gain de quantité de mouvement entre deux instants s'obtient par la résultante géométrique des forces extérieures multipliées par le temps de l'action de chacune.

Conséquences. — Expériences.

Chute du centre de gravité d'un système pesant. — Loi, la même que pour un seul point.

---

(1) L'idée de décomposer les corps en points d'égale masse, pour simplifier les raisonnements, est de M. Poncelet.

Comment se transmettent les actions dans un corps fini. — Compression accompagnant toute pression; dilatation toute traction. — Première idée de l'élasticité. — Non-instantanéité de la transmission. — Tiges, fils, supports, appuis. — Explication physique de l'effet des ressorts.

Inertie, envisagée comme force. Force centrifuge.

On ramène les équations de mouvement à des équations d'équilibre, et on les rend aussi homogènes *nominalement* qu'elles le sont déjà réellement, en assimilant à une force de résistance la propriété qu'ont les corps d'exiger l'emploi de forces pour changer de vitesse.

Utilité de cette supposition.

C'est ordinairement la même chose que si l'on disait que la *réaction* du mobile, égale et opposée à l'action exercée sur lui, est aussi égale et opposée à la modification que celle-ci imprime à sa quantité de mouvement, et à appeler cette réaction *force d'inertie.*

Exemples des effets de cette réaction d'inertie. — Fil cassé, ressort ployé, pyramide renversée par une traction brusque.

Effets divers de la persistance du mouvement antérieur après une cessation d'action productrice. — Outil emmanché. — Voiture ou bateau s'arrêtant brusquement, etc.

Force centrifuge. — Est un cas particulier de cette force d'inertie. — Son calcul (plus simple en comparant deux états successifs de la vitesse qu'en considérant les espaces parcourus dans le sens de rayon, d'un mouvement supposé uniformément accéléré).

Expériences. — Écartement de deux billes lorsqu'on vient à faire tourner autour d'un axe horizontal la tige horizontale où elles sont enfilées. — Allongement plus ou moins grand d'un ressort en hélice qui les tiendrait liées. — Eau dans un vase en mouvement. — Fronde. — Inclinaison d'un cavalier de voltige dans un manége circulaire. — Projection des éclats d'une meule de grès ou d'un volant de machine. — Appareil composé de deux lames circulaires, figurant, lorsqu'on le met en mouvement, l'aplatissement de la terre aux pôles.

Formule donnant la pesanteur aux divers lieux de la terre.

Applications de la force centrifuge. — Ventilateurs des tarares. — Blé sous la meule. — Première idée des modérateurs de machines, à ailes ou à boules et levier.

Travail et forces vives.

Ce n'est que par exception qu'un moteur animé peut avoir à dépenser son temps pour exercer une pression continue en restant immobile. — On peut le remplacer, dans ce travail de cariatide, par un étai, un support, un lien.

En général, dans tout travail, il y a à la fois effort à exercer et espace à parcourir dans le sens de cet effort. — Le travail est en raison directe de l'un et de l'autre.

Définition du travail d'une force quelconque. — Sa justification. — Noria, dont les godets ont un écartement proportionnel à la hauteur à laquelle elle élève l'eau. — Autres exemples tirés de l'agriculture.

Unité de travail.

Mesure du travail quand la force a une intensité variable. — Courbes dont les abscisses sont les espaces, et les ordonnées les forces.

Dynamomètres à style, traçant directement ces courbes, ou d'autres qu'on y ramène par une transformation graphique. — Détail de leurs diverses dispositions. — Application à des charrues, à des voitures. — Mesurage des aires. — Dynamomètre totalisateur à roulettes. — Effort moyen.

Dynamomètre de rotation. — Frein dynamométrique de Prony. — Précautions. — Détails.

Cas où la force n'agit pas dans la direction du mouvement. — Poulie de renvoi et poids. — Travail d'une résultante de forces. — Travail dû à une résultante de vitesses ou de petits espaces.

Observations sur le transport horizontal d'un fardeau à dos d'homme ou d'animal. — Plus ou moins assimilable au travail de cariatide à éviter. — Ou consiste en une suite de petites ascensions sans rien récupérer à la descente. — Brouettes, camions, charrettes à bras, comparés à hottes et à crochets. — Perte résultant de l'obliquité du tirage sur une charrue (*voir* plus loin).

Force vive. — La demi-force vive, acquise par la chute d'un corps, est égale au travail de la pesanteur. — La même chose a lieu dans le cas de l'ascension en prenant négativement l'acquisition et le travail. — Demi-force vive acquise, regardée, en la prenant en signe contraire, comme le *travail de la résistance d'inertie*.

Généralisation facile de ce théorème des forces vives et du travail pour un nombre quelconque de forces appliquées à un même point. — Observation sur la propriété précieuse qu'ont les quantités de travail de s'additionner algébriquement, sans avoir besoin, comme les forces, d'être composées géométriquement dans l'espace, ou d'être projetées suivant une même direction. — Travaux résistants.

Extension immédiate à tout système, par la simple addition des équations relatives à chacun de ses points matériels.

Principe des travaux virtuels ou vitesses virtuelles.

Suppressions et réunions de termes de l'équation du travail et des forces vives. — Calculs et expériences pour évaluer les autres. — Frottement. — Roideur des cordes. — Choc.

Réunion deux à deux en un seul des termes exprimant le travail des actions et réactions intérieures.

Suppression des travaux de forces intérieures entre points dont la distance a peu ou point varié. Corps solides. Verges sensiblement rigides. Fluide dont la densité n'a pas changé.

Idem entre points dont la distance, après avoir changé, est redevenue la même. Fils très-flexibles. Verges élastiques.

Idem entre points qui n'ont fait que passer dans la sphère de leurs actions mutuelles sensibles sans y rester. Fils flexibles et gorges de poulies.

Remplacement des travaux de la pesanteur sur tous les points par un terme unique, égal au produit du poids total par la descente (positive ou négative) du centre de gravité.

Remplacement des travaux de forces agissant sur des points ayant un même mouvement de translation par le travail de la somme des projections des forces sur ce mouvement.

Remplacement des travaux de forces agissant sur des points ayant un même mouvement de rotation autour d'un axe fixe, par la somme des *moments* des forces autour de cet axe, multiplié par les angles parcourus. — Quelques détails sur les moments. — Moment d'une force *autour d'un point.*

Remplacement des forces vives des points animés de ce mouvement de rotation par le produit du carré de la vitesse angulaire et du *moment d'inertie* de l'ensemble de ces points. — Calcul du moment d'inertie de divers corps solides homogènes.

Moment d'inertie autour d'un axe quelconque, quand on le connaît autour d'un axe parallèle passant par le centre de gravité. — Calculs par approximation.

Frottement. — Remplacement des travaux des actions moléculaires de corps solides qui ont glissé les uns sur les autres, et, en même temps, des demi-forces vives dues aux mouvements vibratoires engendrés dans ce glissement, par le travail de cette force fictive ou résultante de forces, appelée *frottement*.

Expériences pour en déterminer l'intensité. — Moyens employés. — Concordance des mesurages par les *accélérations* et par le dynamomètre. — Lois générales découlant des résultats. — Tableau des coefficients du frottement de glissement pour diverses matières dans divers états (*voyez* plus loin pour le *frottement* des fluides).

Remplacement des travaux moléculaires entre corps solides roulant l'un sur l'autre, et des termes de demi-force vive provenant des ébranlements conservés, par le travail d'une force fictive unique, parallèle à la tangente commune, et appelée frottement de roulement. — Expériences. — Valeur du rapport de cette force à la pression pour diverses surfaces, ainsi que pour divers véhicules et diverses espèces de chemins (*voyez* plus loin).

Remplacement des travaux moléculaires des parties d'une corde qui s'enroule par le travail d'une force appelée sa roideur. — Tables et formules représentatives des résultats d'expériences sur la roideur des cordes.

Choc de deux corps. — Évaluation en bloc des travaux moléculaires et des demi-forces vives d'ébranlement qui en résultent, quand les deux corps restent unis après s'être rencontrés. — Vitesse commune ensuite. — Cas où ils ne restent pas unis. — Cas d'élasticité parfaite, où le travail moléculaire est nul, et où la demi-force vive dissimulée ou devenue non translatoire, est tantôt négligeable, tantôt sensible, suivant la forme des corps.

Homogénéité de l'équation des forces vives et du travail, obtenue en remplaçant, comme faisait D. Bernoulli, les demi-forces vives par les travaux de chute qui les engendreraient, ou par les travaux d'ascension dont elles seraient capables. — Commodité de la mettre quelquefois sous cette forme.

Conditions générales nécessaires de l'équilibre de systèmes. — Comment elles sont suffisantes, *approximativement et dans certaines limites, pour les systèmes solides à peu près invariables.*

Quand tous les points d'un système sont en équilibre, la résultante géométrique générale des forces extérieures qui agissent sur eux est (comme on l'a déjà vu) nulle.

De plus, le *moment résultant* des mêmes forces extérieures, ou la résultante géométrique de leurs moments autour d'un point quelconque, considérés comme des aires (et remplacés, si on le trouve commode, par des normales proportionnelles à leur étendue), est nul aussi.

Ces deux conditions nécessaires en fournissent six, en remplaçant les forces et les moments par leurs projections sur trois axes. Elles peuvent être fournies aussi par l'équation du travail virtuel.

Quand elles sont remplies, les forces extérieures sont remplaçables, sur chaque point, par des actions et réactions égales et opposées, s'exerçant entre les points du système.

D'où il suit qu'elle sont *suffisantes* pour l'équilibre, *après un premier petit mouvement ordinairement insensible,* lorsque le système est solide, ou sensiblement invariable, pourvu aussi que les actions et réactions, ainsi développées, ne dépassent pas certaines limites au delà desquelles la *solidité* ne se conserverait pas, et il y aurait séparation.

Mais aucun système matériel n'est absolument invariable, et tout système de forces ajoutées trouble plus ou moins l'équilibre de ses points.

Systèmes de forces extérieures dont l'un ne diffère de l'autre que par des forces remplissant les conditions *nécessaires* d'équilibre, ou, ce qui revient au même, par des forces égales et opposées deux à deux sur les mêmes droites. — Ces systèmes sont dits *équivalents*, sans l'être jamais, en effet, d'une manière absolue.

Ce qu'on appelle ainsi *résultante* (sans ajouter l'épithète géométrique) de forces agissant sur des points différents.

Condition pour qu'elles en aient une.

Leur réductibilité, dans le cas contraire (toujours sous les restrictions dites), à deux forces qui leur soient *équivalentes,* ou à une force et un couple de forces égales et opposées, mais non directement.

Cinématique d'un système dit *invariable.* — Translations, rotations et leur composition. — Expériences.

Composition et équilibre des forces parallèles. — Démonstration directe (en partant toujours du principe expérimental de la composition des forces sur un point) pour le cas de deux forces parallèles seulement.

Démonstration expérimentale, par un levier et des poids. — Expérience de poids, tantôt réunis en deux groupes, tantôt uniformément répartis le long du levier, et qui met sous les yeux le raisonnement d'Archimède pour démontrer le principe du levier, raisonnement insuffisant si l'on ne fait ou n'invoque aucune expérience.

Du Pendule.

Pendule conique. — Relation entre la vitesse de rotation et l'écartement,

Pendule ordinaire. — Pendule simple. — Isochronisme des petites oscillations. — Leur durée ou leur nombre, en fonction de la longueur du pendule, et de l'accélération due à la pesanteur (on évitera l'intégration, tout en l'indiquant).

Pendule composé. — Longueur du pendule simple faisant le même nombre d'oscillations. — Réciprocité des axes. — Mesure de la pesanteur. — Recherche expérimentale du moment d'inertie d'un corps quelconque, en le faisant osciller. — Quelques mots sur le centre de percussion.

Équilibre ou mouvement uniforme des machines simples en négligeant le frottement et les autres résistances de ce genre.

Équation du travail virtuel entre les seules forces extérieures, et en n'y comprenant même pas les réactions des appuis, points fixes et surfaces fixes, quand les travaux qui en émanent sont négligeables ainsi que les travaux des forces intérieures.

Levier. — Plusieurs genres. — Exemples. — Modèles.

Balance. — Condition pour qu'une balance soit juste. — Pour qu'elle ne soit point folle. — Pour qu'elle soit sensible. — Pour que des poids considérables diminuent fort peu sa sensibilité. — Méthode des doubles pesées.

Considérations, à cette occasion, sur la stabilité et l'instabilité de l'équilibre. — Degrés de stabilité. — Expériences.

Peson ou romaine à levier gradué. — Pèse-lettre. — Système de leviers. — Balance sans fléau à quatre couteaux. — Bascule de magasin. (En montrer une.)

Treuil. — Construction diverse des treuils et des cabestans (modèles). — Roue de carrier. — Roues de puits. — Première idée d'engrenages et de courroies.

Plan incliné. — Sa combinaison au treuil dans le haquet, etc.

Vis. — Vis sans fin. — Coin agissant par pression sans choc (*voyez* plus loin le cas du choc).

Équilibre ou mouvement uniforme des machines simples, en tenant compte des frottements et de la roideur des cordes.

Observation générale. — Comme le calcul des frottements exige la connaissance préalable des pressions des pièces des mécanismes contre les appuis et les unes contre les autres, le *théorème du travail virtuel, appliqué en une seule fois, ne suffit plus* pour poser les équations d'équilibre, en tenant compte de ces résistances. Il faut poser plusieurs équations d'équilibre pour chaque pièce en particulier, comme on doit, au reste, le faire aussi pour calculer (*voyez* plus loin) si chacune a des dimensions suffisantes pour résister aux efforts qui tendent à altérer sa solidité.

Plan incliné. — Angle du frottement.

Levier. — Poulie. — Treuil. — Cabestan ou autre machine à tourillon vertical. — Manége. — Vis. — Coin (agissant toujours par pression).

Corde enroulée sur un cylindre immobile.

Courroies. — Tensions des deux brins menant et menés. — Roideur des courroies.

Équilibre par l'intermédiaire du mouvement, ou application de l'équation du travail à des mouvements qui commencent et finissent par le repos.

Prisme tombant verticalement dans une matière molle. — Rapport conclu de son poids à la résistance de la matière.

Force vive considérée comme travail accumulé, ou intermédiaire de transmission de travail.

Bêche dynamométrique de M. de Gasparin pour mesurer la résistance relative des terrains.

Du coin mû par choc. — Des presses à coin.

Du balancier monétaire et du pressoir à vis à percussion. — Utilité du frottement de la vis pour faire encliquetage.

Du valet de menuisier. — Emploi du même principe pour produire des pressions.

Enfoncement des clous et des pieux.

Pilons. — Pioches, etc.

Distinction des chocs utiles et des chocs inutiles, et par conséquent nuisibles. — Ébranlements communiqués extérieurement, qui rendent quelquefois les machines à choc inférieures aux machines à pression.

Hydrostatique.

Compressibilité et élasticité de tous les fluides. — Pression. — Sa normalité dans l'état de repos. — Son égalité en tous sens comme conséquence.

Charges, ou hauteurs de pression en colonne de même fluide. — Évaluation de la pression sur une surface finie quelconque. — Équilibre des corps plongés ou flottants. (Les expériences sont supposées faites dans le cours de Physique.)

Principe de la presse hydraulique, et sa vérification par le théorème des travaux virtuels.

Pression en fonction de la profondeur dans les liquides. — Différences de pression en fonction des différences de hauteur dans les gaz. — Principes et formules pour le nivellement, à l'aide du baromètre.

Relation entre le volume d'un gaz, sa température et sa pression, d'après les dernières expériences de M. Regnault.

Manomètres. — Piézomètres.

Hydrodynamique.

Écoulement par les orifices.

Continuité. — Constance du produit de la section par la vitesse. — Mouvement uniforme. — Mouvement permanent non uniforme. — Mouvement varié non permanent.

Écoulement du liquide d'un vase entretenu plein. — Démonstration simple, par le principe du travail et de la force vive, du théorème de Torricelli. — Formule plus générale, où l'on tient compte du rapport des sections de l'orifice et du vase, et de la différence des pressions supérieure et inférieure.

Vérification expérimentale. — Au moyen de jets paraboliques par de petits orifices verticaux. — Au moyen de jets verticaux par de petits orifices horizontaux percés dans une paroi à gradins. — Cas d'une pression supérieure.

Valeur de la pression à divers endroits d'un vase dont la section est variable. — Vérification par de petits tubes.

Orifice noyé.

Table des vitesses dues à différentes hauteurs de charge.

Section de la veine d'écoulement où les filets deviennent parallèles quand l'orifice n'a pas son entrée évasée. — Coefficients dits de *contraction*.

Table des valeurs trouvées, dans les expériences de Metz, pour ces coefficients, les orifices rectangulaires ayant différentes hauteurs, différentes charges, et une largeur constante de 20 centimètres. — Expériences du Bouchet, indiquant des modifications à faire subir pour des orifices plus larges.

Modifications pour les cas où la contraction n'a pas lieu sur une partie du contour de l'orifice. — Observation sur l'influence probable de la distance relative des portions de la paroi au centre.

Application aux pertuis d'usines, fermés ordinairement par des vannes verticales.

Coefficients pour un bord inférieur peu élevé au-dessus du fond.

Idem pour le cas de vannes inclinées.

Idem pour le cas de coursiers de diverses formes mis en aval. — Essai d'extension à orifices de plus de 20 centimètres, par analogie avec les expériences sans coursier.

Formule de M. Boileau, sans coefficient, en mesurant la charge au-dessus de la veine contractée verticalement, et posant au fond du coursier.

Perte de *charge* ou de force vive produite par les augmentations rapides de section. — Théorème de Borda. — Observation pour les augmentations non rapides, mais non insensibles. — Expériences piézométriques à ce sujet.

Effet des ajutages cylindriques.

Réservoir qui se vide par un orifice assez peu considérable pour que l'abaissement de sa surface ne soit pas très-prompt. — Temps de l'évacuation, calculé par la formule d'intégration approximative. — Application à un étang qui reçoit en même temps un ruisseau. — Limite de l'abaissement.

Écoulement par les déversoirs. — Formule ordinaire, à coefficients. — Formule de M. Boileau, et emploi du tube piézométrique droit. — Cas où le remous d'aval commence à influer. — Coursier. — Expériences de M. Morin pour le cas d'une faible épaisseur de la lame d'eau.

Déversoirs *incomplets* ou noyés par l'eau d'aval. — Incertitude de la méthode dont on se sert alors.

Mouvement de l'eau dans les canaux découverts.

Mouvement uniforme. — Communication latérale du mouvement dans les fluides. — Expériences de Venturi. — Preuves non moins concluantes de cette force, tirées de l'uniformité du mouvement de l'eau dans les canaux à section et à pente constantes. — Effet nécessaire du frottement du fond sur les filets voisins et des filets entre eux. — Équation entre la pente, la section et la résistance pour que la vitesse ne s'accélère pas.

Expériences. — Relation qu'on en a tirée entre la résistance moyenne du fond et des parois par mètre superficiel et la vitesse moyenne. — Formule de Prony avec les coefficients de M. Eytelwein.

Formule moins exacte de M. Tadini, qui suppose la résistance proportionnelle à la largeur moyenne du lit et au carré de la vitesse, et non au périmètre mouillé et à une fonction du second degré à deux termes de la vitesse.

Comparaison de leurs résultats.

Tentatives pour en substituer d'autres. — Hypothèse de Navier sur le frottement des filets, adoptée par divers auteurs. — Difficulté. — Tourbillonnements dont la production plus ou moins abondante peut faire varier le *coefficient* de ce frottement suivant les dimensions et la nature du lit.

Problèmes sur la vitesse, le débit, la pente, la largeur moyenne et la profondeur de l'eau dans divers canaux à section trapèze. — Tables de Prony pour en faciliter la solution. — Autres Tables construites indépendamment de la formule, en corrigeant autrement les écarts des expériences individuelles.

Effet des herbes qui croissent au fond des canaux.

Effet des barrages lorsque l'eau a repris son régime permanent.

Effet des rétrécissements. — Calcul de la petite chute créée par un pont, par une prise d'eau en tête d'un canal, avec ou sans vanne, en faisant une hypothèse sur les pertes en aval.

Perte de chute provenant des cabinets d'eau et des huches des usines.

Partage d'eau entre plusieurs usagers. — Règlement, au moyen de calculs et de tracés, des hauteurs relatives d'ouverture de vannes de diverses espèces pour satisfaire à des conditions données.

Mouvement permanent non uniforme.

Terme à ajouter pour l'inertie, ou la variation de force vive de la tranche d'eau. — Calcul de l'étendue et de la hauteur du remous, résultant d'un exhaussement du plan d'eau, en un point au-dessous de celui qui répond au régime uniforme dans un canal prismatique trapèze. — Comparaison avec les expériences connues. — Formules empiriques proposées. — Tables de remous.

Mouvement dans les rivières à section irrégulière. — Effet des coudes, des gués, des hauts et bas fonds. — Partage de la section transversale en plusieurs parties, quand la profondeur y est très-inégale.

Jaugeage des eaux courantes. — Divers moyens :

1°. Ancien mode des fontainiers. — Pourrait être perfectionné. — Pouce d'eau, ligne d'eau.

2°. Barrage déversoir.

3°. Barrage avec orifices à vannes. — Procédé de calcul pour se dispenser d'attendre la permanence complète.

4°. Mesure de la section et de la vitesse au milieu de la surface, par un flotteur plat. — Expériences de Du Buat, etc., sur le rapport entre cette vitesse et la vitesse moyenne. — Formule de Prony, ou plutôt rapport des quatre cinquièmes, tout aussi rapproché des expériences.

Relation trouvée avec la vitesse de fond. — Peu certaine.

5°. Calcul plus exact de la vitesse moyenne en mesurant, comparativement à celle à la surface, les vitesses en différents points de la section. — Moulinet de Woltmann. — Tube de Pitot. — Tube à bulle d'air de M. Boileau. — Tachomètre à ressort. — Pendule hydrométrique.

6°. Par des bâtons lestés, flottant verticalement, indiquant à peu près la moyenne des vitesses sur une même verticale (moyen employé en Italie).

7°. En se servant de vannes d'usine existantes, et appliquant les formules et les Tables de coefficients de contraction ci-dessus.

8°. En faisant un barrage où l'eau s'accumule, et levant des profils en amont, etc.

9°. En déterminant la vitesse moyenne par la formule, au moyen de la pente mesurée, de la section et du périmètre mouillé, dans un endroit où le lit n'est pas trop irrégulier (moyen moins sûr).

Mouvement permanent de l'eau dans les tuyaux de conduite.

Même équation que pour les vases, en ajoutant un terme pour le travail des frottements contre la paroi. — Valeur empirique de ce terme.

Table donnant le travail résistant ou la *perte de charge* provenant de ce frottement, pour divers diamètres de tuyau et diverses dépenses d'eau.

Perte de charge à l'entrée des tuyaux. — A la sortie des robinets. — Aux coudes. — Aux branchements.

Systèmes de pentes de tuyaux qui peuvent donner des pressions négatives. — Inconvénients.

Établissement des tuyaux de conduite. — Diamètre pour une longueur, une différence de niveaux extrêmes et une dépense d'eau données. — Problèmes inverses. — Problèmes plus compliqués. — Leur solution par les Tables.

Regards. — Aux points les plus bas. — Aux points les plus hauts. — Effet retardateur de l'air cantonné. — Ventouse à simple robinet; à tuyau enté vertical avec ou sans soupape; à flotteur de Girard.

Assemblages des bouts de tuyaux en fonte. — Compensateurs pour les dilatations. — Tuyaux en plomb; en zinc bitumé; en poterie; en bois, et machine à les forer; en pierre factice. — Robinets ordinaires; à coins; à vannes (*voyez* plus loin pour l'épaisseur des tuyaux).

Quantité d'eau nécessaire aux besoins des hommes. — A l'abreuvage des bestiaux.

Cuvettes de distribution dans les villes. — Jaugeage d'une concession. — Flotteur à levier de fermeture. — Réservoirs. — Filtres.

Idée de l'impulsion et de la résistance des fluides.

Leur réaction, en sortant par un orifice latéral.

Impulsion d'un jet sur une surface plane ou courbe d'une certaine étendue.

Impulsions et résistances dans un courant indéfini ou limité. — Diminution de pression à la surface postérieure. — Résultats d'expériences. — Coefficients.

Action de l'eau sur diverses matières plus ou moins ténues.

Écoulement des gaz.

Formules analogues à celles des liquides, et satisfaisant à peu près aux expériences, pour des différences de pression qui ne sont pas très-considérables.

Des Machines.

Leur objet. — Déplacer certains points matériels au moyen de mouvements imprimés à d'autres points.

Se composent : d'opérateurs ou outils. — De récepteurs ou organes recevant l'action directe des moteurs. — D'organes intermédiaires ou de transmissions.

On commencera par ces derniers, qui sont surtout du ressort de la géométrie, bien que la *mécanique* les compare sous le rapport de leurs frottements, etc. — Leur étude forme la *cinématique* des systèmes de pièces solides ou des mécanismes.

Cinématique des mécanismes.

Guides de mouvement rectiligne. — Languettes. — Rails. — Coulisses avec ou sans roulettes. — Prisons. — Calcul du frottement d'un pilon à mentonnet dans ses guides. — Boîtes à étoupes.

Guides de mouvement circulaire. — Tourillons. — Calcul de leur frottement sur leur surface cylindrique. — De leur frottement quand ils portent sur leur extrémité taillée droite ou en pointe. — Tourillons avec galets. — Leur frottement moindre, mais leurs inconvénients qui déterminent à en faire peu usage.

Appareils modificateurs de la vitesse.

Embrayages. — Par manchons. — Libres (à carré ou à trèfle) employables même lorsque les deux arbres tournants ne sont pas tout à fait dans le prolongement l'un de l'autre. — Alézés à clavette; à goujons ou tenons; à crans ou entailles (pour des efforts considérables), à cônes de friction, communiquant le mouvement sans changement brusque. — Par courroies passant à volonté d'une poulie folle à une poulie de travail, et réciproquement, ou enroulée sur une poulie unique jouant alternativement les deux rôles au moyen d'une clef de callage. — Par rouleau de pression appliqué sur une courroie auparavant lâche; monte-sacs ou tire-sacs des moulins. — Par rouleau de pression garni de cuir blanc, et appliqué à volonté sur un autre rouleau; même usage. — Par rouleau de pression appliqué contre une tige qui porte sur un autre rouleau; marteaux pilons.

Suspensions de mouvements. — Déclics. — Roue à détente. — Loquet ou tenaille décrochant un mouton.—Désembrayage instantané des laminoirs.

Poulies graduées se correspondant, ou bien tambours ou fusées coniques permettant, en avançant plus ou moins la courroie, de changer à volonté le rapport des mouvements.

Freins pour arrêter.

Modérateurs. — Volant à ailette. — Frottement dans des conditions qui le font croître avec la vitesse; vis sans fin des tournebroches. — Pendule conique de Watt réglant l'admission du moteur. — Volants en général (*voir* plus loin).

Transformations de mouvement.

Rectiligne continu en rectiligne continu. — Plan incliné. — Coin. — Pêne de serrure. — Cordes sur poulies, sur moufles ou palans, sur treuils. — Cas où les deux cordes ou courroies à mener l'une par l'autre ne sont pas dans le même plan, ou sont trop éloignées pour pouvoir être enroulées sur une seule poulie : alors plusieurs poulies.

Circulaire continu en circulaire continu. -- 1° Rouleaux contigus à axes parallèles. — Cônes contigus à axes concourants. — Hyperboloïdes contigus à axes dirigés d'une manière quelconque. — 2° Engrenages cylindriques dans le cas d'axes parallèles; cercles primitifs; condition et forme des dents de la roue conduisante, quand celles de la roue conduite ont une forme donnée et arbitraire, pour que le mouvement communiqué soit uniforme et l'effort constant; tracé général expéditif de M. Poncelet; cas où les dents conduites sont à flancs droits, et, par suite, celles conduisantes sont des épicycloïdes; cas où les dents conduites sont des développantes de cercle, et où, par suite, les roues conduisantes en sont pareillement; avantages et inconvénients de ces deux formes; leur tracé pratique et approché par un ou deux arcs de cercle; cas où la distance des deux axes n'est pas bien constante; cas du mouvement en deux sens. — Jeu. — Nombre des dents. — Arc-boutements à éviter. — Engrenages intérieurs. — Formules pour le frottement des engrenages. — 3° Pour axes concourants, engrenages coniques. — Idée des engrenages sans frottement de White. — Vice des lanternes des anciens moulins, avec dents du rouet parallèles à son axe. — 4° Pour axes non parallèles ni concourants, mais à angles droits. — Vis sans fin; tracé des dents. — Roue à dents hélicoïdales. — Spirale et roue dentée. — 5° Pour axes obliques ne se rencontrant pas; trois roues d'angle. — 6° Courroies et cordes; contours convexes ou concaves de leurs poulies; calcul de la tension du brin conducteur et du brin conduit, et de la puissance que les courroies peuvent transmettre par leur frottement. — Axes non concourants ni parallèles, deux poulies intermédiaires. — 7° Pour axes faisant entre eux un petit angle : joint de Cardan; double joint de Hook; simples fils de fer. — 8° Communication de mouvements circulaires par une, deux ou trois bielles ayant leurs boutons sur les deux roues.

Rectiligne continu en circulaire continu, et réciproquement. — Treuils à roue, à manivelle, à leviers, avec poulie (chèvres), différentiels avec poulie mobile, avec plan incliné (baquet). — Roue dentée et crémaillères. — Crics. — Rouleaux. — Roue et chaîne de Vaucanson. — Roue et chaîne de M. Neveu à chaînons qui s'encastrent sur son contour. — Vis et écrou. — Vis à deux pas opposés pour rapprocher deux pièces.

Circulaire continu en rectiligne ou en circulaire alternatif, et réciproquement. — Engrenage intérieur de Lahire, d'une roue mobile avec une roue fixe d'un diamètre double. — Béquille conduisant une manivelle. — Pédale du remouleur ou du rouet de ménage. — Manivelle et bielle en général; tracé de la courbe de mouvement, dont les abscisses sont les temps et les ordonnées les espaces, pour une bielle longue ou pour une bielle courbe, cas de manivelle double et de manivelle triple avec arbre coudé. — Excentriques circulaires à employer sur un arbre non coudé, dans une position qui ne permet pas de mettre une manivelle et une bielle; calcul du frottement de la bague. — Mouvement alternatif à course variable à volonté, au moyen de deux excentriques opposés et d'une petite bielle réunissant leurs extrémités. — Cames ou ondes tournantes pour obtenir un mouvement rectiligne d'une loi donnée, continu ou intermittent. — Virgules. — Courbes en cœur. — Excentrique à triangle curviligne. — Excentrique en onde, dit *à détente*. — Tracés des courbes de mouvement de toutes ces cames. — Cames soulevant des pilons; tracé de leur forme; répartition sur l'arbre; plus petit rayon de celui-ci. — Rainures en courbe fermée plane. — Rainure en double hélice ou autres courbes à double courbure sur la surface d'un cylindre ou cône tournant, et conduisant une pièce parallèlement à une arête, suivant une loi quelconque. — Cadre à double crémaillère conduit par un secteur denté. — Levier à cliquet pressant une roue à rochet. — Levier à double cliquet de Lagarousse.

Circulaire ou rectiligne alternatif en circulaire ou rectiligne alternatif, et réciproquement. — Mouvement de sonnettes d'appartement. — Varlets de pompes de mines, où les mêmes mouvements servent avec des tiges. — Archet et foret à percer le fer. — Balancier avec secteur et chaîne, ou crémaillère. — Tige de piston à guides, et bras ou petite bielle articulée à un balancier. — Tour à pédale et à perche faisant ressort.

Parallélogramme articulé de Watt, et combinaisons analogues, où une ligne droite, de longueur constante, a ses deux extrémités astreintes à se mouvoir sur deux arcs de cercle (*voyez* plus loin).

Détails sur la construction des machines.

Ce que c'est que mouler, forger, souder, braser, tourner, aléser, forer, buriner, découper, fileter, tarauder, dresser, diviser, ajuster, roder une pièce.

Moyens d'assemblage des pièces. — Rivets; à tête cylindrique plate; à tête fraisée; en goutte de suif. — Rivure d'une pièce de fer et d'une pièce de bois.

Vis d'assemblage. — A métaux (cylindrique). — A bois (un peu conique). — A tête fendue. — A tête de boulon. — A tête fraisée. — A tête ronde ou hémisphérique.

Boulons à vis. — Avec tête ronde ou polygonale, noyée, fraisée, de champignon, en T, en équerre. — A deux filets et à ergot. — A écrou. — A écrou et rondelle ou rosette. — A embase. — Cas où c'est le boulon qui doit tourner lorsqu'on serre.

Clavettes. — Dans quels cas ce mode d'assemblage. — A clavette et contre-clavette à talons ou à ergots. — A clavette et moufle. — Boulons non filetés à tête percée et clavette. — Clavettes sur rondelles à des bouts d'arbres fixes de roues.

Frettes simples ou à moufles. — Manchons de fonte embrassant des pièces de métal ou de bois. — Douilles. — Croisillons. — Colliers et bagues.

Modification des pièces de fer à l'endroit de leur assemblage. — A joints plats. — A rainure et languette. — A feuillure. — A tenon. — Tenon à clef de l'autre côté d'une mortaise à jour. — Queue d'hironde. — Embase. — Épaulement. — Talon.

Vis de pression. — Vis à écrou encastré. — Vis d'ajustement d'un axe dans une boîte. — Vis de rappel. — Tire-fond. — Vérins.

Construction des pièces des machines. — Arbres. — Tourillons; manières diverses de les assembler avec les arbres. — Coussinets des tourillons; leurs chapes, supports, clavettes pour les articulations de bielles et de manivelles. — Paliers et crapaudines. — Excentriques. — Manivelles et leurs boutons. — Volants. — Cames. — Poulies. — Tambours. — Roues d'engrenage. — Courroies.

Moteurs et Récepteurs.

Moteurs animés.

Travail de l'homme. — Effort qu'il peut exercer en tirant, ou poussant, ou portant pendant un court intervalle de temps. — *Idem* en agissant sur divers outils. — Rapport de ce plus grand effort à celui qui convient au maximum de travail. — Diminution de la force de l'homme quand la vitesse de son action augmente. — Travail dans l'élévation des poids. — Sur un escalier ou une échelle. — Cas où il n'élève que le poids de son corps, et où il agit comme contre-poids en descendant, ce qui paraît lui faire produire le maximum d'effet. — Application aux terrassements dans les tranchées profondes, au moyen du bourriquet. — Corde verticale et poulie. — Roue à cheville ou à tambour. — Manivelle horizontale. — Plusieurs hommes sur une manivelle à deux supports. — Deux hommes sur deux manivelles opposées. — Voitures à bras ou camion. — Brouette. — Civière, en revenant à vide.

Construction de cabestans, roues, treuils simples et treuils à engrenages.

Travail du cheval. — Sa vitesse à différentes allures. — Son plus grand effort. — Son effort habituel et sa vitesse lorsqu'il l'exerce.

Son travail sur un manége par seconde. — Au pas. — Au trot. — Son travail par son propre poids. — Son travail sur diverses charrues. — Attelé à une charrette. — Comme cheval de bât.

Combien il faut de relais en vingt-quatre heures pour avoir un travail continu, tel que celui qu'on attribue à la *force de cheval* dans les machines à vapeur. — Rapport de cette force fictive, en une seconde, à la force moyenne réelle du cheval.

Établissement et construction des manéges. — Manége de maraîcher, à mollettes. — Manéges avec engrenage au haut, ou au bas de l'arbre. — Arbre. Pivot. — Crapaudine. — Flèches et leurs assemblages divers avec l'arbre, par boulons, étriers, liens, brassards ou tourteaux en fonte. — Palonniers. — Arcades en bois ou en fer; fixes ou tournantes; placées sous l'arbre ou au bout. — Influence de la longueur de la flèche.

Construction des voitures. — Charrettes. — Chariots. — Tombereaux. — Construction des roues (on pense que le professeur d'Agriculture décrira les diverses variétés de voitures en usage dans différents pays). — Poids des roues pour différentes largeurs de bandes. — Poids des voitures, et charges qu'elles portent. — Leur usé annuel.

Frottement sur l'essieu. — Frottement de roulement. — Expériences dynamométriques. — Influence du diamètre des roues. — De la largeur de jante. — De la vitesse. — De la suspension. — De l'obliquité de l'action. — Chemins fermes. — Chemins pierreux. — Chemins avec poussière. — Chemins mous.

Influence de la pente en travers.

Fringalle.

Division de la charge entre plusieurs véhicules.

Du chariot. — Son arrimage, vu la différence du diamètre des roues de ses deux trains.

Comparaison de la charrette et du chariot.

Travail du bœuf. — Du mulet. — De l'âne.

Récepteurs hydrauliques.

Force absolue, ou travail moteur d'une chute d'eau. — En kilogrammètres par seconde. — En chevaux de machine.

Théorie générale des récepteurs hydrauliques. — Le travail transmis à l'arbre du récepteur est égal au travail de la chute de l'eau depuis le niveau où elle est admise, plus la demi-force vive qu'elle possédait à son admission, moins les demi-forces vives perdue à l'entrée et conservée à la sortie; moins, aussi, le travail du frottement de cette eau dans le coursier d'emboîtement, s'il y a lieu. — Observation sur le parti qu'on peut tirer, pour certaines roues, de la force vive résidue, ou, ce qui revient au même, sur l'endroit où il faut la prendre.

Conditions les plus générales à remplir pour obtenir le maximum de travail transmis, ou *effet brut*. — Distinction avec le *travail utile*, dont la connaissance demanderait de défalquer les frottements des tourillons et autres pièces solides du mécanisme.

Frein dynamométrique. — Détails relatifs à son emploi sur des axes horizontaux ou verticaux dans les expériences.

Roues en dessous à aubes planes. — Formule générale du maximum de travail transmis.

Prise en considération de l'augmentation de hauteur de la lame d'eau dans le coursier, depuis son admission jusqu'à sa sortie.

Position de la vanne. — Perte de chute provenant du frottement dans un avant-coursier allongé.

Règle pour défalquer approximativement la perte provenant du jeu des aubes dans le coursier.

Expériences de Smeaton et de Bossut. — Observations. — Vitesse.

Coefficient correctif de la formule pour tenir compte de ce qu'on n'a pu y comprendre.

Observations sur le désavantage de ces roues, et sur les vices de construction de celles qu'on voit dans tous les pays.

Roues de côté, ou à coursier circulaire. — Formule du maximun d'effet. — Introduction de l'eau. — Vitesse des aubes. — Capacité des augets pour l'admission intégrale de l'eau : il convient de la doubler, dans les cas où il y a lieu de prévoir des augmentations du volume de l'eau accompagnées de diminutions de chute. — Largeur de la roue. — Expériences de Smeaton. — Expériences de M. Morin. — Avantage d'une assez forte épaisseur de la lame d'eau. — Avantage des vannes faisant déversoir. — Avantage de la division de la largeur de la roue en compartiments indépendants pour prévoir les cas où l'eau est plus ou moins abondante. — Avantage d'une disposition du coursier de fuite et d'un abaissement du bas de la roue au-dessous des eaux d'aval, pour tirer parti de la vitesse à la sortie immédiate des aubes. — Coefficient de correction de la formule.

Établissement de ces roues. — Dans quel cas on est obligé de renoncer aux vannes en déversoir, à moins d'avoir un régulateur spontané de leur hauteur. — Position du centre des roues. — Leur diamètre; limite passée laquelle il faudrait adopter un autre système. — Latitude pour faire varier la vitesse. — Importance de ces roues.

Problèmes et exercices à leur sujet. — Modèles, etc.

Cas de roues noyées.

Quelques mots du coursier annulaire d'une roue établie sur les bassins de Chaillot, par M. Mary.

Roues en dessous à aubes courbes, de M. Poncelet. — Avantage général qu'offrent les roues à grande vitesse de simplifier le mécanisme intérieur et de faire volant.

Effet calculé par une formule où l'on traite la lame d'eau comme un simple filet. — Expériences de M. Poncelet. — De M. Morin. — Coefficient de réduction. — Courbes représentatives. — Influence de la vitesse; de l'épaisseur de la lame d'eau admise; de la largeur des couronnes contenant les aubes; du coursier en portion de spirale, rendant plus égaux les angles d'admission de l'eau sur les aubes; tracé de ce coursier et des aubes. — Largeur de la roue et sa division en compartiments. — Effort maximum pour la mise en train de l'usine, et son rapport avec l'effort constant qui donne le plus grand travail transmis. — Latitude dans les vitesses de la roue. — Possibilité de marcher noyée. — Établissement de ces roues. — Chutes auxquelles elles conviennent.

Leur importance pour les usages agricoles ordinaires. — Problèmes; exercices; modèles.

Roues à augets recevant l'eau en dessus. — Perte de force vive à l'admission. — Épanchements d'eau vers le bas; leur augmentation par la force centrifuge; tracé de M. Poncelet pour calculer l'effet de cette dernière force. — Expériences. — Coefficient de correction de la formule où l'on ne tient pas compte des épanchements. — Espacement et forme des augets. — Calcul de leur capacité et de la largeur de la roue. — Établissement de la vanne lorsque l'eau est reçue au sommet. — *Idem* quand elle est reçue au-dessous du sommet; directrices. — Ouvertures d'introduction de l'air à mettre si ces roues devaient être noyées. — Manteau ou sorte de coursier pour diminuer les épanchements.

Roues pendantes dans un courant large. — Formule d'après M. Poncelet. — Application, pour la dresser, du principe des quantités de mouvement communiquées dans une certaine direction. — Détermination du coefficient d'après quelques expériences.

Roues à axe vertical. — *Rouet-volant* mû par le choc de l'eau. — Son analogie avec les roues en dessous à aubes planes. — Peut être encore utile, malgré son faible rendement, à cause de son bon marché et de la rotation directe qu'il donne à une meule, dans les localités où l'eau abonde. — Formule et son coefficient.

Roues diverses. — Où l'eau agit par son poids en sortant plus près ou plus loin de l'axe qu'elle n'est entrée. — Principe des forces vives et du travail dans le mouvement relatif à un appareil tournant; addition à faire du *travail de la force centrifuge.* — Difficulté de faire sortir l'eau de la roue avec une vitesse relative moindre que celle qu'elle y a possédée précédemment; pertes ou tourbillonnements engendrés par le mouvement dans des tuyaux divergents.

Roues à réaction. — Effet *théorique* jamais égal au moteur, même en ne supposant ni chocs ni frottements, mais pouvant en approcher assez près avec des vitesses d'une certaine grandeur. — Mais frottements dans les tuyaux étroits dont elles demandent qu'on fasse usage, etc.

Roues à cuve, du Basacle, etc. — Causes, ne tenant pas essentiellement à leur système, qui font que leur rendement est très-faible.

Turbines de M. Burdin, d'Euler, de Ségner, de M. Poncelet, de M. Combes, de M. Thomas, ingénieur hessois, etc.

Turbine Fourneyron. — Description. — Mécanisme pour lever les vannes. — Tuyau porte-fond laissant passer l'axe. — Conduit latéral d'arrivée et cuve fermée quand on a une chute considérable. — Levier de la crapaudine.

Calcul de l'effet, en tenant compte de la perte à l'introduction dans la roue, perte qui peut être annulée ou diminuée par les diaphragmes horizontaux. — Expériences. — Addition à la formule, d'après leur résultat, d'un terme proportionnel au carré de la vitesse, provenant probablement du frottement contre l'eau. — Effet de succion ou de tarare, dont il résulte que l'eau peut sortir avec une vitesse relative, supérieure à celle due à la chute. — Rendement. — Faibles dimensions de roues produisant un travail considérable. — Propriété de fonctionner noyée, et avec des vitesses très-différentes sous même chute, ou avec une vitesse constante sous des chutes variées. — Effort momentané maximum.

Établissement. — Vitesse convenable de l'eau dans la cuve, en fonction de la hauteur de chute, eu égard à sa réduction dans les crues. — Diamètre de la roue, déduit de cette vitesse. — Nombre de tours par minute pour obtenir à peu près le maximum d'effet.

Turbine Fontaine-Baron. — Vannage et directrices. — Mode de suspension de l'axe. — Calcul de l'effet. — Expériences. — Influence des levées de vanne. — Double système d'aubes et de vannes pour pouvoir faire varier les dépenses d'eau sans perte, ou n'en pas éprouver de sensible quand la chute diminue dans les crues.

Rendement. — Commodité de l'établissement de cette turbine.

Turbine Jouval, exécutée par MM. Kœchlin et Cie. — Diffère de celle Fontaine par sa propriété d'être placée à une hauteur quelconque dans le grand tube qui la contient. — Vanne du bas. — Coins obturateurs. — Calcul. — Rendement d'après les expériences. — Possibilité de faire varier beaucoup la vitesse, et de travailler sous diverses chutes. — Facilité d'installation.

Roues hydrauliques en général. — Quelle roue convient le mieux dans une circonstance donnée de chute, d'abondance d'eau, de variabilité de ces deux éléments, de cherté du moteur, de cherté des constructions, de capitaux disponibles, de chances de succès de l'entreprise à laquelle elle fournira le moteur; enfin, de facilité à se procurer des ouvriers plus ou moins habiles pour la construction et surtout pour l'entretien. — Prix de diverses roues et de leur installation.

Idée de quelques autres récepteurs hydrauliques.

Norias et chapelets verticaux. — Balancier hydraulique à seaux et soupapes. — Moteur-pompe de M. Girard. — Quelques machines à mouvement périodique produit par l'*inertie,* ou par la consommation non brusque de la force vive périodiquement acquise par l'eau. — Machines à colonne d'eau, où le mouvement périodique est dû à la pression. — A simple effet. — A double effet. — Motifs de préférer celle à simple effet. — Idée des machines à colonne d'eau de M. de Reichenbach et de M. Juncker.

Voyez plus loin les machines spéciales à élever l'eau.

Moulins à vent.

A axe horizontal ou peu incliné sur l'horizon. — Vitesses de divers vents (brise, vent frais, rafale, etc.). — Durées pendant lesquelles on peut compter sur eux dans chaque localité. — Nécessité de documents préalables à cet égard avant d'établir des moulins. — Mesure de la vitesse; par celle de corps légers, ou de la fumée de la poudre; par le moulinet à compteur de M. Combes, analogue à celui de Waltmann, et taré de temps en temps.

Impulsion du vent contre un plan mince oblique. — Calcul de Coriolis, supposant que cette impulsion suit la même loi pour des éléments réunis en une aile. — Inclinaison des éléments extrêmes des ailes rectangulaires ordinaires, d'après les observations et expériences de Coulomb, Smeaton, etc. — Inclinaison la plus avantageuse de l'axe.

Vitesse du plus grand effet, et formule pratique pour le travail transmis par les quatre ailes ordinaires, en fonction de la vitesse du vent.

Établissement des machines à vent. — Composition du *rouet* ou des quatre ailes. — Gros palier en marbre et palier de heurtoir. — Queue ou grand levier, et cabestans pour orienter le moulin en le faisant tourner sur son pivot. — Toiture tournant seule sur des galets avec le volant et son rouet d'engrenage. — Petit rouet à vent, faisant, par un engrenage, tourner la toiture. — Ailes qui se déshabillent d'elles-mêmes par les grands vents.

Moulin de M. Amédée Durand, à six petites ailes trapèzes, disposées de manière à se soustraire aux grands vents, à ne pas dépasser une certaine vitesse, et à orienter aussi elles-mêmes le moulin, destiné spécialement à l'élévation de l'eau, sans surveillance.

Quelques autres inventions analogues.

A axe vertical. — A ailes mobiles relativement au rouet, et présentant alternativement leur largeur et leur épaisseur au vent. — A ailes en forme de vases sur lesquels l'impulsion est beaucoup plus grande d'un côté que de l'autre. — A ailes planes verticales enveloppées de cloisons directrices fixes, ou protégées sur la moitié du contour du rouet par un paravent cylindrique orienté par une girouette. — Faible travail transmis par ces moulins, pour une étendue donnée des ailes dont dépend le prix de revient, comparativement aux moulins à axe horizontal.

Machines à vapeur.

Idée générale. — Quelques mots d'aperçu historique. — Moyen dont on se sert encore pour faire monter de l'eau d'un réservoir dans une cuve fermée quand on a un jet de vapeur à sa disposition. — Comparaison des quantités de travail d'élévation de l'eau produites par la combustion de 1 kilogramme de houille à diverses époques du perfectionnement des machines à vapeur.

Division générale des machines aujourd'hui en usage. — A basse et à haute pression. — Avec ou sans condenseur. — A simple ou à double effet. — A un ou à deux cylindres. — Avec ou sans balancier. — Avec ou sans rotation. — A rotation immédiate.

Disposition générale des fourneaux. — Cendrier, grille, foyer, carneaux, cheminée. — Grille fumivore de M. Taylor, tournant comme une toile sans fin; son grand avantage.

Diverses formes de chaudières et de fourneaux. — Chaudière de Watt à fond concave. — Cylindrique. — A tube de retour ou carneau intérieur. — A foyer intérieur. — A foyer et tube intérieur; leur emploi avantageux aux machines de Cornwall à élever l'eau, qui intéressent particulièrement l'agriculture. — A bouilleurs; leur avantage pour les réparations.

Durée des chaudières. — Moyens d'y empêcher les dépôts. — Formule officielle pour l'épaisseur (*voyez* ci-après).

Construction des cheminées. — Leur section. — Du tirage.

Résultat des expériences de M. Regnault. — 1° Sur la tension de la vapeur d'eau formée à diverses températures. — Tensions en kilogrammes par unité superficielle. — Tension en atmosphères. — Tables et formules empiriques. — 2° Sur les nombres d'unités de chaleur nécessaires pour transformer 1 kilogramme d'eau en 1 kilogramme de vapeur formée à une température t. — Formule $606,5 + 0,305\, t$ (donnant des résultats intermédiaires entre ceux des anciennes lois de Watt et de Southern).

Poids de l'hectolitre ou du stère de divers combustibles. — Nombre de calories que leur combustion développe. — Bois. — Charbon. — Houilles. — Coke. — Tourbe. — Fagots.

Évaporation par kilogramme de houille. — Perte de chaleur par la cheminée, etc.

Perte d'eau en gouttelettes. — Quantité d'eau pour 1 kilogramme de vapeur reçue.

Évaporation par heure et par mètre carré de surface de chauffe. — Quantité brûlée par mètre carré de grille. — Influence de la forme de la chaudière.

Organes accessoires des chaudières. — Appareil régulateur du feu ou du registre de la cheminée dans les machines à basse pression au moyen de l'élévation de l'eau dans un tube. — Appareil d'alimentation. — A basse pression et effet spontané. — A haute pression.

Niveau à tube de verre. — A robinets. — A flotteur. — Sifflet d'avertissement.

Soupapes de sûreté. — Rondelles fusibles. — Des règlements d'administration à ce sujet. — Épreuve des chaudières.

Soupape renversée. — Reniflard.

Trou d'homme.

Tuyau d'arrivée de la vapeur et sa soupape. — Régulateur de cette soupape, ou modérateur à force centrifuge (*voyez* ci-dessus).

Cylindre. — Diverses espèces de pistons, de boîtes à étoupes, de couvercles. — Graissage. — Chemise; intervalle rempli de vapeur; eau qui s'y condense; force vive ou *charge* qui s'y perd quand toute la vapeur fournie passe par là. — Comparaison avec les enveloppes en feutre, en bois, etc.

Espace nuisible.

Appareils d'admission et d'éduction. — Robinets. — Boîte à vapeur. — Tiroirs. — Robinet à quatre voies. — Tiroir cylindrique ou à petits pistons. — Tiroirs courts. — Tiroirs longs ou en D. — Appareils à soupapes. — Tiroirs plats ou à vannes. — Tuyaux-tiroirs. — Soupape plane tournante. — Robinet de Maudslay.

Mécanismes pour ouvrir et fermer ces appareils. — Secteur gradué et crémaillère. — Cames. — Excentriques circulaires. — *Idem* triangulaires. — *Idem* à ondes. — Artifices pour obtenir une détente déterminée. — Détentes de Fairbairn et de Maudslay. — Appareils à détente variable. — Avantages de la variabilité de la détente à volonté pour obtenir, quand il le faut, des augmentations d'effort. — Détente variable par le seul jeu de la machine, de façon qu'elle conserve une vitesse moyenne, constante malgré les variations accidentelles de la puissance et de la résistance.

Bielles et balanciers. — Balancier en bois à secteurs. — Balanciers en fonte; leur forme. — Parallélogrammes et autres systèmes articulés à *contre-balancier.* — Peuvent conduire à la fois deux pistons. — Tracé du chemin de la tête des tiges de ceux-ci. — Guides du haut des tiges dans les machines sans balancier. — Disposition de Maudslay. — Disposition à deux contre-balanciers. — Bielle dans le cas où il y a un volant. — Bielle ou double bielle quand il n'y a pas de volant.

Condenseur. — Pompe à air et à eau de condensation. — Pompe à eau chaude pour la chaudière. — Jet d'eau. — Réunion ou séparation du condenseur et de la pompe à air.

Manivelle, arbre et volant. — Calcul du moment d'inertie et des dimensions du volant dans les machines en général. — Relation $I = n \frac{T}{U^2}$

entre le moment d'inertie I, la proportion 1 : n de la variation maximum de la vitesse angulaire à sa moyenne U, et l'excès maximum T du travail moteur sur les travaux résistants. — Solutions graphiques dispensant des longs calculs qui ont déterminé des analystes à négliger l'inclinaison, cependant très-influente, de la bielle. — Formules pratiques déduites de ces tracés, suivant la détente, la force, et le rapport des longueurs de la bielle et de la manivelle.

Des explosions. — De leurs causes. — Moyens de les prévenir.

Description de quelques machines

Idée des machines à rotation immédiate. — Leur avantage : faible volume, légèreté et commodité. — Petites machines portatives. — Désavantage de consommer beaucoup de combustible.

Machines de Watt.

Idem de Woolf et Edwards.

Idem de MM. Cavé, Hallette, Saulnier, à détente, sans condensation.

Idem de MM. Farcot, Meyer, etc., à détente variable et condensation à un seul cylindre, sans balancier.

Machines de Cornwall à élever l'eau, à balancier et contre-poids, sans rotation. — Leur grande détente. — Leur chemise de feutre. — Soupapes de Hornblower, dans un renflement, ouvrant subitement une grande issue vers le condenseur et égalisant ainsi les pressions. — A pistons de pompe pleins et plongeants. — A cataractes régulatrices et encliquetages. — Leur supériorité quant à l'effet utile sur toutes les autres machines.

Calcul du travail développé. — Expériences prouvant que l'on peut approximativement supposer que la pression varie par la dilatation suivant la loi de proportionnalité de Mariotte. — Indicateur de la pression, de Watt, perfectionné par Mac-Naugt.

Diagrammes. — Documents qu'ils fournissent.

Formule du travail dû à l'action de la vapeur, tant pendant l'introduction que pendant la détente, dressée en ne supposant aucune perte de pression au passage de la chaudière dans le cylindre, une contre-pression constante, aucune perte, etc. — Table de logarithmes hyperboliques. — Influence faible et négligeable de la variabilité de vitesse du piston sur l'intensité de la pression qu'il éprouve pendant l'admission de la vapeur.

Comparaison théorique, au moyen de cette formule, des différents systèmes, en en tirant une Table. — Conclusions : 1° en faveur des basses pressions quand il y a condensation sans détente; 2° en faveur de la détente, et des hautes ou moyennes pressions quand on peut en faire usage; 3° en faveur de la condensation.

Difficultés et inconvénients des très-hautes pressions. — Limite à laquelle on s'arrête.

Perte de pression au passage de la chaudière dans le cylindre, surtout pendant que s'opèrent les ouvertures. — Avances à l'admission et à l'éduction. — Leurs avantages, malgré les pertes de travail qui en résultent. — Expériences à ce sujet. — Eau entraînée et son influence sur les résistances.

La perte de pression dans les tuyaux et dans les orifices s'explique par les lois du mouvement des fluides. — Énoncer simplement que le calcul a donné des résultats se rapprochant de l'expérience.

Comme les pertes sont à peu près, pour chaque système de machines, proportionnelles au travail effectif, et comme il en est à peu près de même des pertes provenant du frottement des pièces solides, telles que pistons, articulations, et des consommations de forces par extraction de l'air et de l'eau du condenseur, on peut évaluer le travail transmis à l'arbre du volant en affectant de *coefficients de correction* peu variables la formule dressée sans tenir compte de toutes ces causes de diminution.

Coefficients pour les machines à basse pression, suivant leurs forces en chevaux. — Pour les machines de Woolf et autres à moyenne pression, détente et condensation. — Pour les machines modernes à détente sans condensation.

Comparaison avec les coefficients, toujours un peu plus faibles, adoptés par Watt et les autres constructeurs.

Des proportions des machines. — Vitesse la plus convenable du piston. — Diamètre du cylindre selon le nombre des chevaux et la détente. — Dépense de vapeur par coup ou par minute. — Quantité d'eau à évaporer par force de cheval et par heure. — Volume d'eau pour la condensation. — Proportion de la pompe à air. — Pompe à eau froide. — Pompe alimentaire. — Capacité nécessaire des chaudières de différentes espèces. — Proportion des bouilleurs. — Superficie de la *lumière* d'admission de la vapeur.

Limite de la détente en raison des résistances passives que la pression résidue doit toujours surpasser.

Combustible dépensé par cheval et par heure.

Prix des machines.

Prix de revient de l'unité dynamique transmise à l'arbre du volant. — Obtenue effectivement, en élévation d'eau par exemple.

Des machines spéciales, envisagées complétement, y compris leurs outils ou opérateurs.

Machines à élever des fardeaux.

Chèvres. — Leur composition. — Leurs usages principaux. — A déclic.

Sapine verticale ou potence soutenue par des haubans et en équilibre sur un pivot inférieur. — Pour monter des pierres de tailles.

Treuil à manivelle. — *Idem* à levier encliqueté.

Sonnettes à tirandes et à déclics.

Crics. — Leur application aux vannes.

Grues. — 1° Dont le haut est soutenu. — Arbres; flasques; bras; bec; tirants. — Frein pour laisser descendre. — 2° A arbre tournant sur pivot. — 3° A arbre inférieur et collier entouré de galets à axe vertical. — Puits. — 4° A arbre fixe avec tourillon supérieur sur cet arbre, collier et galets inférieurs. — Calcul des pressions. — Calcul des engrenages à employer suivant le rapport de la puissance au poids à soulever.

Machines et ustensiles à élever l'eau.

Des pompes. — Diverses formes de soupapes et de clapets. — A charnière métallique, simple ou double. — A charnière en cuir, et cuir posant sur le siége. — Conique, avec queue et bouton d'arrêt. — Hémisphérique, *idem.* — A boulets, ou sphères creuses. — A lanternes. — Dans les pistons. — En cônes de cuir. — Annulaire en cuir à frottement, croissant avec la pression postérieure de l'eau, pour la presse hydraulique et les élévations d'eau à de grandes hauteurs.

Divers pistons. — En rondelles de cuir pressées. — *Idem* avec vis de pression à rochet. — Pleins, ou cylindres plongeants. — En chanvre. — En cônes de cuir.

Pompe foulante. — Inconvénient des pompes noyées.

Pompe aspirante. — Limite de la hauteur d'aspiration. — Effet de l'espace nuisible.

Aspirante et foulante. — Placement des deux soupapes latéralement, et de diverses autres manières.

Idem à double effet, ou à jet continu.

Jet rendu plus continu par un réservoir d'air. — Comparaison des réservoirs d'air aux volants.

Pompe à poche, sans piston.

Pompes rotatives de Bramah. — De Dietz. — A deux pignons dentés.

A manivelle triple.

Pompe à i[illegible]ndie.

Pompe rustique carrée, pour le jus de fumier. — Autre, à boule.

Pompes Letestu, pour les eaux limoneuses ou entraînant des graviers.

Pompes Binet, à tube mobile.

Petites pompes de jardin.

Baquetage. — Écopes; avantage que l'eau a de les quitter avant d'avoir atteint l'élévation totale, en sorte que la vitesse d'entrée pendant le puisage réagit et n'est pas perdue. — Écopes hollandaises suspendues, en sorte qu'on n'a pas à soutenir et à élever l'outil. — Autres écopes à deux hommes, sans manches, appelées aussi hollandaises. — Panier avec deux cordes. — Bascule double. — Cuiller à manche creux et à bascule. — Auge à bascule.

Deux seaux élevés alternativement avec un treuil à manivelle et à volant (une des meilleures machines).

Bascule à manége et à deux seaux.

Manége et machine de M. de la Perelle; tournant toujours dans le même sens et élevant alternativement deux seaux.

Manége des maraîchers.

Noria de Valence, avec pots en terre cuite, perche courbe pour bras de manége. — Noria suisse à cornets coniques en cuir. — Noria avec tambour en fonte, de M. Burel. — Noria de M. Gateau, avec clapets au fond des seaux.

Chapelet incliné. — Chapelet vertical.

Roue à godets fixes, ou à godets tournant autour d'un axe horizontal. — Roue établie sur la Vesle par MM. Thomas et Laurens.

Roue à tympan. — Des anciens. — De Lafaye.

Machine de M. Japelli, n'élevant l'eau qu'à la hauteur du niveau du réservoir où elle doit aller, sans avoir à retomber.

Roue à palettes planes (employée à la gare de Saint-Ouen).

Roue à corde entraînant l'eau, dite de Verra.

Vis d'Archimède. — Théorie. — Limite d'inclinaison. — Communication nécessaire de l'air avec l'intérieur. — Construction pratique. — Examen de la vis à héliçoïdes développables de M. Davaine.

Vis hollandaise, ou à enveloppe fixe.

Bélier hydraulique. — Effet de l'inertie pour engendrer une pression, et par suite un petit degré de compression. — Expériences de M. Eytelwein. — Proportions des parties de cette machine pour travailler avec le plus d'avantage dans des conditions données.

Pompes mues par la vapeur. — Proportions. — Vitesses. — Pompes mues par le moulin à vent de M. Amédée Durand.

Choix entre ces différentes machines dans des circonstances données.

Des Charrues en général.

(La description des diverses charrues et le calcul spécial des effets de chacune appartient plutôt au cours d'Agriculture.)

1°. *Instruments destinés à couper la terre en bandes verticales. Coutres*, etc.

Expériences avec la bêche dynamométrique de M. de Gasparin (pesant $2^{kil},75$, tombant de 1 mètre, ayant 15 centimètres de largeur.)

Résistance moyenne du sol par unité de longueur, déduite de son poids multiplié par le rapport de la hauteur de chute à la hauteur de pénétration, et par le rapport de l'unité de mesure à la largeur de la bêche.

Accord approché de cette indication avec celles fournies, à l'aide du dynamomètre, par le travail horizontal d'un coutre vertical d'une longueur donnée, en déduisant le travail nécessaire pour faire avancer le véhicule ou support sans coutre.

Influence de l'inclinaison des coutres.

Formule qu'on en déduit pour estimer le travail des scarificateurs, etc.

2°. *Instruments coupant la terre horizontalement.—Socs.—Ratissoires*, etc.

Comparaison, de la même manière, des efforts qu'ils exigent, avec les indications de la bêche dynamométrique, en ayant soin de tenir compte de ce que leurs pieds tranchent aussi la terre; et, aussi, du frottement de la face inférieure des socs, ratissoires, extirpateurs, dû au seul poids de l'instrument.

De l'instrument appelé *niveleur*, pour aplanir les terrains inégaux, et spécialement pour les disposer à l'irrigation.

Instrument destiné (comme la partie dite cycloïdale du versoir de la charrue à défoncer de M. Bonnet) *à soulever une bande de terre tranchée horizontalement.*

Triple résistance: 1° Poids à élever verticalement; 2° frottement sur la surface de l'instrument supposé être une portion de cylindre concave à arêtes horizontales perpendiculaires au sens de traction; 3° flexion de la bande de terre, et sa rupture ou son broiement par suite de cette flexion.

Calcul approché de ces trois résistances, surtout comme préparation aux calculs plus compliqués relatifs au versoir.

Grandeur moindre de la troisième, ou de la résistance à la désagrégation par flexion, en donnant à l'instrument une courbure graduée qu'en lui donnant une courbure uniforme, c'est-à-dire en donnant pour base au cylindre une courbe telle que l'ellipse ou la cycloïde plutôt qu'un cercle.

Expériences à faire à ce sujet, dans la vue surtout d'éclairer la théorie plus importante et plus difficile des versoirs.

Instrument destiné à retourner la bande de terre sur elle-même. Versoir ordinaire.

Recherches d'Arbuthnot, de Jefferson, de MM. Lambreschini, de Dombasle, Coriolis, Ridolfi, sur les versoirs.

Sections transversales rectilignes.

Tracé des projections et coupes des versoirs hélicoïde et paraboloïde.

Différence entre ces deux formes en ce qui regarde la suite des inclinaisons des sections faites à des distances égales de l'origine. — Torsion de la bande, opérée tout d'un coup par le premier, et graduellement par le second; mais trop forte par celui-ci, car la bande est obligée de se détordre vers son extrémité postérieure pour rester appliquée contre sa surface.

Résistance probablement moindre si la torsion s'opérait graduellement, sans devenir plus forte qu'il ne faut; c'est-à-dire si la surface était une sorte d'hélicoïde à pas légèrement croissant d'un bout à l'autre. — Facilité du tracé d'une pareille surface.

Expériences à faire à ce sujet.

Calcul approché des résistances dues : 1° à l'ascension; 2° au frottement, en tenant compte de l'influence, sur les pressions, de la résistance à la torsion; 3° à cette dernière résistance, ou plutôt à celle à la rupture par torsion. — Comparaison des résultats (on ne fera qu'indiquer ceux qui auront été fournis par une analyse compliquée) avec ceux des calculs approchés de M. de Gasparin.

Instrument soulevant d'abord la bande et la retournant ensuite. Versoir de la charrue à défoncer.

Nécessité du soulèvement préalable quand la bande n'est pas sensiblement plus large qu'épaisse.

Calcul, eu égard au raccordement oblique de la surface soulevante avec le soc.

Représentation de versoirs de diverses générations avec des fils de soie.

Problèmes de versoirs proposés aux élèves, pour remplir diverses conditions.

Charrues complètes, ou instruments qui coupent verticalement et horizontalement, soulèvent et retournent la bande de terre.

Description générale.

Calcul des résistances provenant du coutre, du soc, du versoir, et des frottements provenant de la charge verticale due au poids de l'instrument et de la bande de terre, de la pression horizontale que celle-ci produit contre la *muraille* latérale, et des pressions dues à l'action du laboureur.

Comparaison avec les calculs approximatifs de M. de Gasparin.

Effets d'une mauvaise direction du tirage. — Fatigue des chevaux qui agissent en partie comme bêtes de bât. — Fatigue du laboureur qui fait effort pour corriger la direction; excès de frottement résultant des augmentations de pressions verticales et horizontales.

Moyens d'application de la force à la charrue. — Régulateurs. — Pour le sens horizontal. — Pour le sens vertical.

Diminution du frottement horizontal de glissement. — Sa conversion partielle en frottement de roulement au moyen d'une roulette ou d'un avant-train. — Soulagement qui peut en résulter pour le cheval et pour le laboureur. — Augmentation de tirage qui peut en résulter aussi.

Leviers régulateurs de la charrue Grangé.

Influence de la hauteur de l'appui sur l'avant-train.

Essai d'appréciation : 1° par des raisonnements et des tracés de statique; 2° par un calcul de quantités de travail; des résistances dues à l'obliquité du tirage, à la variabilité de sa direction, aux sabots, aux avant-trains, etc. — Comparaison aux expériences.

Battage du Blé.

Battage au fléau. — Diverses formes de fléau. — Nombre journalier de gerbes battues, ou d'hectolitres retirés.

Dépiquage par le piétinement. — Nombre de chevaux. — Allure. — Produit.

Rouleaux cylindriques à dépiquer. — Leur avantage faible ou nul sur le piétinement. — Rouleaux coniques de Suède.

Machines imitant l'action des fléaux. — Machine de M. de Marolles, où les battants sont mus par des cames.

Machine à tambour batteur, de Meikle. — Quelques mots sur son histoire. — Description. — Diamètre. — Nombre des batteurs suivant la vitesse. — Nombre de tours par minute. — Raisons de préférer le battage en dessous. — Tambour enveloppe, lisse ou garni de saillies appelées *contre-batteurs*. — Avantage d'une grande vitesse, tant pour le produit que pour l'état dans lequel la paille sort de la machine, et qui est avantageux dans les exploitations où cette paille est consommée. — Cylindres alimentaires, nécessaires quand les batteurs ont un mouvement très-lent, mais paraissant nuisibles quand ceux-ci ont la vitesse convenable.

Organes accessoires (dans la machine Dombasle, mais non dans la machine de Ransomme). — Râteaux à mouvement lent et circulaire, séparant la paille. — Ventilateur agissant sur le grain tombé du cylindre où se meut le râteau, et séparant le grain lourd, le grain léger, et la balle. — Avantages et inconvénients de cette réunion.

Rendement en grain, comparé à ceux du fléau et des dépiquages. — Prix de revient comparatif. — Prix avec grande, moyenne et petite machine fixe; Choix suivant l'importance des exploitations.

Prix avec grande machine portative. — Manége mobile. — Prix avec machine mue à bras d'homme.

Battage du trèfle et d'autres grains. — Emploi des moulins à fouler les étoffes.

Nettoyage du blé. — Vannage et criblage. — Tarare.

Vannage ordinaire. — Jet au vent. — Crible à main. — Crible suspendu. — Crible à plan incliné. — Introduction faite du ventilateur vers 1716. — Description du tarare commun. — Travail à deux hommes se renouvelant souvent à la manivelle, l'autre alimentant l'instrument. — Produit. — Prix de revient. — Cribles cylindriques. — Tôle piquée.

De la Meunerie.

Nettoyage plus parfait du blé.

1°. *Sans emploi de l'eau.*

Chute du blé d'une grande hauteur sur une surface raboteuse, pour le débarrasser de la poussière et des villosités.

Méthode saxonne consistant à le faire passer entre deux meules non serrées. — Meules en bois sillonnées de fils de fer. — Méthode analogue de MM. Fairbairn et Alexander. — Meules en pierre très-légères non rayonnées; ensuite ventilateur.

Méthode de M. Gravier. — Chute du blé dans deux boîtes où des batteurs tournants le lancent sur des parois en tôle piquée.

Ramoneries ou emploi de brosses. — Appliquées sur deux meules en bois. — Sur un cylindre tournant ou oscillant dans un autre cylindre de toile métallique.

Inconvénient des brosses.

Tarare à émotteurs. — Cylindre vertical à ailettes à l'intérieur de ce tarare. — Sas à marteau. — Action du tarare ventilateur ensuite.

2°. *Par la voie humide.*

Méthode de lavage du blé employée dans le midi de la France. — Méthodes de lavage et de séchage de MM. Gosme, de Meaupou, Cartier. — Inconvénients du trop long séjour du grain dans l'eau, de l'absence de frottage et d'essuyage, et de l'imperfection du séchage manifestée par une augmentation de poids.

Appareil de M. Hébert, de Londres. — Mélange et agitation du grain avec du gravier. — Mêmes inconvénients, outre celui des grains de sable restés parmi les grains de blé.

Appareil de MM. Lasseron et Rollet fonctionnant d'une manière continue. — Grain froissé par deux meules, et immergé pendant *deux minutes seulement* dans une cuve, d'où une toile sans fin le retire et le porte contre des cylindres garnis d'éponges qui l'essuient, et qui, aussitôt pressées d'un autre côté par d'autres cylindres pour expulser leur eau, reviennent en contact avec d'autre grain, qu'elles essuient de même avant que ce grain passe dans un cylindre sécheur en bois garni de tringles qui le tiennent en suspension dans un courant d'air tiède.

Conservation du blé.

Greniers. — Épaisseur qu'on peut donner aux tas de blé, selon qu'ils proviennent de récoltes d'un, deux ou trois ans. — Intervalle entre ces tas et les murs. — Orientation et position des fenêtres, de manière à avoir un courant d'air transversal. — Pellage et travail qu'il exige par hectolitre et par année.

Construction du grenier mobile Vallery. — Expériences de la Commission de 1837 sur ses effets variés. — Vitesse et travail de sa rotation, et moyens de la communiquer à peu de frais.

Silos de diverses matières et formes, en Europe et ailleurs, dans les temps anciens et aujourd'hui. — Discussion.

Mouture du blé.

Procédés des anciens. — Mortiers et pilons. — Meules romaines. — Meules arabes. — Moulins à eau des anciens.

Description, d'après Lahire, du moulin à vent encore presque généralement employé. — Simplicité admirable de cette machine. — Arbre du volant à ailes. — Rouet. — Frein. — Lanterne. — *Gros fer* tournant; sa jonction avec le *petit fer,* aussi tournant, qui le supporte ainsi que la meule tournante, et qui, traversant l'*œillard* de la meule gisante dans un *boitard* garni d'étoupe, va s'appuyer inférieurement sur une crapaudine portée sur une *tempure* susceptible d'être haussée à volonté. — Anille faisant porter la meule supérieure sur le petit fer. — Trémie et sonnette d'avertissement. — Chausse pour sasser la farine. — Treuil à soulever les meules.

Des diverses sortes de mouture. — Mouture méridionale, par un seul passage du blé entre des meules assez rapprochées pour faire peu de gruaux.

Mouture septentrionale; rustique de diverses espèces ne différant que par le blutage; à la grosse qui sépare les diverses grosseurs et qualités.

Mouture plus moderne, dite économique ou lyonnaise, consistant à faire plusieurs moulages successifs dans des meules de plus en plus serrées, afin d'avoir un plus grand produit en belle farine moins échauffée.

Son, remoulage, recoupes. — Semoule.

Mouture encore plus nouvelle, dite anglaise ou américaine, s'opérant en une seule fois, mais avec des meules aplanies, puis *rayonnées* avec soin.

Rendement en farines de diverses grosseurs et qualités.

Comprimeurs. — Cylindres entre lesquels on fait, aujourd'hui, passer le blé avant de le moudre, tant pour broyer des corps étrangers encore restants et qu'un nouveau criblage sépare, que pour préparer la farine à se détacher plus facilement du son.

Meules. — Vitesses très-variées qu'on leur donne. — Leur forme autrefois concave et convexe. — Aujourd'hui plane, sauf un léger creusement au *cœur* et à l'*entrepied* de la meule supérieure. — Leur rhabillage. — Piquage ancien; rayonnement actuel; rayons droits; rayons légèrement courbes; rayonnement opposé des deux meules; effet sur les grains. — Grue et croissant de fer pour enlever les meules.

Support de la meule supérieure pendant son mouvement. — Manière de centrer la crapaudine supérieure de son fer. — *Idem*, le culot d'acier sur lequel il porte inférieurement. — Manière de régler avec précision l'écartement des deux meules, sans arrêter le mouvement. — Crics fixes à vis pour désembrayer chacun des pignons moteurs des meules, qu'un rouet horizontal fait tourner ensemble ou séparément.

Équilibrage de la meule courante sur son pointal, et sa liberté de pencher d'un côté ou d'un autre, selon les corps qui s'introduiront sous elle, tout en se mouvant nécessairement avec le pignon. — Anilles anciennes et modernes.

Rupture de son équilibre de position par la force centrifuge, quand sa matière n'est pas homogène. — Moyens d'y remédier par des poids placés dans son intérieur, et susceptibles d'être élevés plus ou moins par tâtonnement. — Ou bien remplacement, par une boîte en fonte, du plâtre par lequel on complète son poids, et réduction, alors, de la pierre meulière à une faible épaisseur.

Travail. — Quantité de travail nécessaire pour moudre le grain, suivant le diamètre et la vitesse des meules, et temps nécessaire à la mouture.

Établissement de beffrois, ou supports et assemblages de meules.

Beffrois. — Anciens. — Modernes. — Massifs de pierre et colonnes en fonte.

Beffrois à plusieurs paires de meules. — A engrenages. — A courroies. — Moyens d'embrayage et désembrayage de Corbeil, par rouleaux de tension manœuvrés par des renvois de poulies. — *Idem* à engrenages et courroies combinés.

Distributeurs de blé. — A frayon ou babillard. — Distributeur de M. Conti. — De M. Paradis. — Flotteur de la trémie à sonnette. — Archures enveloppant les meules, et anches qui mènent la mouture au refroidisseur.

Effets fâcheux du refroidissement anticipé de la farine et de l'air entraîné avec elle dans les conduits. — Eau déposée et pâte formée. — Moyens divers d'y remédier, principalement par une introduction préalable d'air froid.

— Meule aérifère de M. Train. — Emploi proposé d'un ventilateur introduisant de l'air desséché artificiellement.

Râteau refroidisseur tournant pour la farine sortie des conduits et arrivée dans la chambre à mélanges.

Blutage des farines. — Sas à main. — Bluteau battu d'une règle. — Ancien dodinage dans un cône secoué. — Lanturelu. — Bluterie moderne dans des prismes réguliers tournants, secoués par des boules tombant sur leur squelette. — Bluteries graduées. — Bluteries à gruaux.

Conducteur, ou vis d'Archimède transportant la farine horizontalement.

Ramasseurs, ou espèces de chapelets horizontaux sans fin.

Élévateurs, ou chaînes à godets transportant le blé, la farine, les gruaux, le son, d'un étage à l'autre.

N. B. On pense que la conservation des farines et leur emploi regardera le professeur de Technologie chimique.

Exemples de plusieurs moulins remarquables. — Moulins à meule verticale, de M. Lemaistre. — Quelques autres systèmes. — Moulins à manége. — Moulins à bras.

Moulins à tan.

A pilons et couteaux. — Calcul du travail consommé par le choc des cames.

A noix, en usage dans le Midi. — *Idem*, de M. Farcot.

A couteaux obliques sur un tambour tournant rapidement.

Quantité de travail que cette fabrication exige.

Moulins à scier le bois.

Sciage de long ordinaire. — Débit sur place, dans les ventes de bois.

Moulins à scie circulaire, avec ou sans chariot, mue par l'eau ou la vapeur.

Scierie à mouvement de va-et-vient, et à plusieurs lames.

Manivelle, bielle, guides, chariot.

Scierie à chantourner, pour débiter des jantes de roue. — Moyen de communiquer le mouvement circulaire à la pièce de bois.

Calcul du volant à y adapter.

Travail moteur à y dépenser.

Machines à écraser les pommes, et pressoir à cidre.

Écrasage aux pilons mus à bras dans une auge. — Machine à lames tournantes, coupant les pommes au-dessus de deux cylindres cannelés qu'on peut rapprocher à volonté. — Tour à piler, composé d'une grande auge circulaire et d'une meule qu'un cheval y fait mouvoir. — Mastic pour garnir le fond de l'auge.

Machine de M. Rozé, à cylindres cannelés en dents à rochets, sans couteau. — Comparaison de ces moyens d'écrasage.

Pressoir normand composé d'un sommet inférieur ou *brebis*, portant une plate-forme de madriers jointifs sur laquelle on place la matière, et d'un sommet supérieur ou grand levier appelé *mouton*, lié au sommet inférieur à un bout par une vis à roue horizontale, tandis que les deux autres extrémités sont tenues rapprochées par des clefs contenues entre deux montants, et dont on augmente le nombre à mesure de la compression.

Pressoir à vin.

Pressoir à coffre simple ou double.

Pressoir rustique à cage. — Pressoir à deux vis.

Pressoir à étiquet, à vis, roue à gorge, corde et cabestan indépendant.

Pressoir à vis, double engrenage et roue verticale à chevilles.

Pressoir à percussion de M. Revillon, à vis, à plusieurs filets, mue comme le balancier monétaire, et conservant la position où la vitesse acquise la fait arriver ainsi que le plateau de pression qu'elle pousse.

Propriété de la vis de ne point revenir sur elle-même comme le maillet ou le mouton, par la réaction de ce qu'elle a frappé.

Pressoir en fonte, à vis et à engrenages, de M. Hery, mécanicien, à Brissac, près Angers.

Comparaison des effets.

Vues sur un mode de pressurage à percussion fondé sur le principe du valet de menuisier.

Extraction de l'huile de graines.

(On suppose que l'extraction de l'huile d'olives regardera une autre chaire.)

Nettoyage des graines.

Moulins à pilons anciens, mus par le vent.

Concassage et froissage préalable de la graine entre deux cylindres horizontaux pour l'empêcher de glisser sous les meules.

Écrasage par deux grandes meules cylindriques en granit, enfilées sur le même essieu horizontal, et tournant sur une meule horizontale dormante autour d'un arbre vertical, entaillé pour laisser un jeu vertical.

Chauffoirs à feu nu avec agitateurs tournants. — Chauffoirs au bain-marie.

— Pressurage de la farine chauffée et enfermée dans des sacs de laine couverts d'étendelles de crin et de cuir.

Pressoirs à vis.

Presses hydrauliques horizontales; *idem* verticales. — Description, à cette occasion, des presses hydrauliques.

Presses à coin, susceptibles d'être mues par le vent. — Moutons enfonçant les coins de pression, et, à volonté, les coins renversés à *dépresser.*

Rebat du marc sous les meules. — Nouveau chauffage et nouvelle pression.

Architecture.

Son importance. — Influence pécuniaire que peut avoir la disposition des bâtiments sur le produit net d'une ferme.

Ses moyens : convenance et économie.

Nécessité d'envisager aussi l'architecture, jusqu'à un certain point, comme *art,* ou d'une manière esthétique, même dans les édifices les plus humbles, et d'observer, au moins pour ceux où se fait déjà remarquer quelque soin, certaines formes et proportions en faveur desquelles le goût général a prononcé.

Éléments des édifices en général.

Murs. — De face. — De refend. — De pignon. — De clôture. — De terrasse. — Cloisons.

Supports isolés ou engagés. — Poteaux. — Piliers. — Colonnes. — Pilastres. — Base. — Fût. — Chapiteaux et entablements de ces supports. — Ensemble, proportions et détails des cinq ordres. — Trois parties des entablements. — Architrave, frise, corniche. — Archivoltes substituées aux architraves.

Parties des corniches. — Cymaises et larmiers. — Reproduction de ces formes dans d'autres parties des édifices que les supports isolés.

Manière de *profiler* les corniches et les moulures en général.

Chaînes verticales et horizontales dans les murs, pour la consolidation, la liaison et quelquefois la délimitation et l'encadrement de leurs parties.

Plinthes. — Bandeaux.

Ouvertures ou baies. — Placement des portes et croisées par rapport aux supports, aux murs de refend, et les unes aux autres. — Leur entourage.

Symétrie et régularité autant que possible. — Ne sont pas moins favorables à l'équilibre qu'à l'agrément de l'aspect, et si elles semblent gêner quelques convenances du moment, elles donnent des facilités dans les changements de destination et de distribution des détails, sur lesquels on doit compter pour l'avenir. — Mais on ne doit pas hésiter à les sacrifier dans quelques cas. — Le plus bel aspect est celui d'une harmonie raisonnée entre le but et les moyens.

Soubassement. — Rez-de-chaussée. — Étages. — Combles.

Escaliers. — Vestibules. — Passages. — Pièces de toutes sortes. — Voûtes. — Planchers. — Combles. — Cheminées.

Édifices clos. — Hangars ou porches. — Bâtiments de travail pour serrer des matières, loger des animaux, etc.

Clôtures. — Cours. — Jardins.

Préceptes généraux pour la distribution des habitations. — Moyens de tirer facilement parti des emplacements irréguliers.

Manière générale de dessiner l'architecture. — Plans à différents niveaux. Coupes longitudinale et transversale. — Élévations de face et latérale. — Tracer les axes d'abord. — Usage commode et convenable du papier quadrillé. — Papier demi-transparent pour essayer successivement diverses solutions.

Bâtiments composant une ferme.

Choix de l'emplacement de la ferme. — Salubrité. — Abri contre les grands vents régnants. — Absence d'humidité, et facilité des fondations. — Proximité des chemins, ou des eaux, ou des carrières de matériaux de construction, ou de bâtiments existants. — Emplacement central, ou, plutôt, donnant lieu au minimum de la somme de transports des produits, mais sauf les autres convenances, d'après la propriété énoncée plus haut des points de minimum et de maximum, de pouvoir varier dans des limites étendues, sans cesser de remplir à peu de chose près leur condition de petitesse ou de grandeur relative.

Proportion des bâtiments et des cours. — Limites de grandeurs de celles-ci pour éviter les fausses manœuvres. — Leur proportion à l'importance de l'exploitation, ou aux bâtiments qui les entourent. — Rectangle fermé d'un, de deux, de trois, de quatre côtés, suivant le développement de ceux-ci. — Considérations modificatrices tirées de l'utilité de placer dans les cours les pailles à mesure du battage au fléau, pour les transporter sans véhicule aux bâtiments où elles sont consommées; d'y mettre les tas de fumier pour les abriter du vent, ou pour pouvoir tirer le fumier des étables au crochet jusqu'au tas, sans chargement ni déchargement, etc. — En général, rapprocher les endroits entre lesquels il doit se faire un service fréquent.

Bâtiment d'habitation. — Cuisine, chambres, dépense, laiterie, buanderie, bureau, cave, cellier, magasins.

Greniers à blé aux étages de ce bâtiment, ou séparés.

Écuries.—Emplacement proche de l'habitation. — Volume d'air par cheval. — Longueur et largeur nécessaires pour chacun, avec stalles ou sans stalles. — Largeur de passage nécessaire entre deux rangées. — Largeur moindre, mais deux fois répétée, si les passages sont de chaque côté et les râteliers de l'écurie double au milieu. — Emplacement des harnais. — Espaces pour les garçons d'écurie, le coffre à avoine, le hache-paille. — Sol de l'écurie; écoulement des liquides.

Greniers à fourrages au-dessus. — Plancher en torchis et terrage peu ou point perméable aux émanations.

Étables à vaches. — Air nécessaire. — Espace. — Passage. — Mangeoires et râteliers. — Nourriture jetée d'en haut ou apportée devant. — Système reconnu avantageux, mais demandant plus d'espace. — Écoulement.

Bergeries. — Largeur, superficie, cube d'air par bête adulte et par agneau. — Placements divers des râteliers. — Leur forme. — Hauteur. — *Idem*, si l'on enlève rarement le fumier. — Sol de la bergerie.

Ouvertures pour aérer. — Largeur des portes d'entrée. — Ponts inclinés pour empêcher les bêtes de se presser en entrant. — Placement de la bergerie, pour que les déjections, toujours rendues à la sortie, ne soient pas perdues.

Bergerie de La Celle-Saint-Cloud. Système de construction, avec bois de petite dimension.

Loges à porc. — Dimensions. — Communications avec l'extérieur par l'auge. — Précautions contre l'excavation du sol. — Hauteur des séparations.

Poulailler. — Emplacement. — Dimensions. — Séparations. — Juchoirs rustiques, avec une échelle sur quatre poteaux, ou avec une vieille roue, et toits par-dessus.

Grange. — Poids du mètre cube de gerbes. — Nombre de gerbes par mètre cube, et quantité de grains obtenus par gerbe. — Superficie nécessaire, en conséquence, à une grange d'une hauteur donnée, pour serrer une proportion déterminée des gerbes d'un domaine, en mettant le surplus en meules. — Passage central pour les voitures. — Aire à battre au fléau. — Manége et espace pour la machine batteuse et ses accessoires.

Gerbiers. — Couverts, et ouverts latéralement. — Comble dépassant les côtés.

Meules isolées de terre. — Meules couvertes. — Mulotins.

Capacité des greniers à fourrage au-dessus des bâtiments logeant des bestiaux. — Fœnières. — Abordabilité aux voitures. — Greniers à balle de blé et d'avoine.

Celliers et pressoirs.

Trous, ou aire à fumer. — Fosse à jus de fumier.

Mares. — Abreuvoirs. — Routoirs à chanvre.

Puits. — Leur creusement. — Fondation. — Mur. — Margelle. — Treuil ou poulie.

Citernes. — Avec citerneau latéral, où l'eau filtre dans le sable ou le charbon, par ascension, pour rendre le nettoyage plus facile. — Quantité d'eau pour chaque habitant et chaque tête de bétail.

Murs de soutènement des terres. — En maçonnerie, avec mortier. — En maçonnerie sèche. — Avec ou sans contre-forts antérieurs ou postérieurs. — Tirants pour rendre solidaires ceux-ci et le mur, et diminuer la force de ce dernier. — Mur d'épaisseur médiocre, avec murs de refend antérieur et appentis. — Avec murs de refend postérieurs, soutenant des voûtes de cave.

Connaissance des matériaux.

Pierres de taille. — Examiner celles du pays déjà employées. — Éprouver à la gelée celles de nouvelles carrières.

Moellons. — Presque tous bons, s'ils sont bien employés et bien liés. — Prendre les moins chers.

Briques crues. — Font souvent d'excellentes constructions.

Briques cuites. — Leur fabrication. — Qualité de la terre très-variée : essayer la cuisson d'un échantillon de celle le plus à portée. — Moulage. — Dessiccation. — Rebattage quelquefois. — Cuisson à la volée, à la houille. — Cuisson dans des fours.

Plâtre. — Sa cuisson. — Gâché serré ou gâché clair.

Chaux. — Grasse ou maigre. — Non hydraulique ou hydraulique. — Chaux-ciment, dite ciment romain. — Proportions des autres matières mêlées à la chaux, qui lui donnent ces diverses qualités. — Chaux hydraulique artificielle. — Cuisson. — Fours à feu continu. — Fours à cuisson intermittente. — Fours improvisés, bâtis avec la pierre même à cuire, et enveloppés, à mesure, d'une couche d'argile, que l'on élève en même temps qu'un mur extérieur, en pierre sèche ou en gazons, soutenant celle-ci. — Bois ou houille consommé. — Produit.

Pouzzolanes artificielles ou ciments. — Four. — Pulvérisation.

Extinction de la chaux. — Cinq procédés. — Discussion. — Avantages de l'extinction spontanée pour la chaux grasse, et, pour la chaux hydraulique, de l'extinction par aspersion sous le sable, ou bien de l'extinction ordinaire modifiée.

Mortiers. — Proportions. — Manipulation.

Béton. — Fixation de la proportion de mortier à ajouter au caillou en doublant à peu près le volume des vides, mesuré à l'eau.

Bois. — Essences diverses. — Leur coupe. — Leur transport par charrettes, par triqueballes. — Leur équarrissage à la coignée. — Leur sciage de long. — Leurs défauts à rejeter.

Tuiles. — Carreaux. — Ardoises. — Lattes, etc.

Construction.

Fondation des édifices. — Directe sur sol ferme. — Sur soutiens isolés, tels que pieux battus, piliers en pierre ou en sable, si le sol ferme n'existe qu'un peu plus bas que la fondation. — Si le terrain est compressible jusqu'à une profondeur trop grande, répartir sur un grand nombre de points la pression de chaque partie, au moyen du sable, du béton, d'une bonne maçonnerie plus large et plus profonde, ou de la création d'un sol ferme et étendu, par le battage d'un grand nombre de petits pieux avec moellons enfoncés intermédiairement à la hie, et couche de mortier hydraulique étendue dessus.

Maçonnerie de moellons avec mortier de chaux et sable. — Moellons bien purgés de terre, posés sur leur plat, par assises horizontales, en bonne *liaison,* ou pleins sur joint autant que peut le permettre leur irrégularité, avec garni des vides en morceaux plus petits et *bain de mortier,* en sorte qu'il ne s'y trouve aucun vide. — Nature du moellon et épaisseur des assises servant à décider si l'on peut tolérer que, suivant l'habitude des maçons, une assise soit *posée à sec* sur une couche de mortier, puis recouverte d'une autre couche, en donnant des coups de truelle pour la faire enfoncer dans les intervalles les moins larges, ou si, pour être sûr qu'il n'y aura pas de vide, on doit exiger que chaque bloc soit garni à mesure.

Règles pratiques de Rondelet pour l'épaisseur des murs. — Peut être diminuée s'ils sont sans vides.

Maçonnerie de pierre de taille. — Angles et chaînes. — Carreaux et boutisses alternativement. — Jambages et plates-bandes de baie. — Bandeaux, corniches, supports isolés. — Idée générale de la coupe des pierres. Comment on déduit, par rabattement, la grandeur réelle d'une face ou d'une coupe quelconque d'un solide, de son plan et de sa projection verticale. Lignes d'intersections de plans. Développement de douelles pour avoir des panneaux d'exécution. Tâtonnement et emploi d'un grand nombre de coupes horizontales et verticales quand on éprouve de l'embarras.

Exemples de descente de cave; de voûte d'arête; de tête d'aqueduc-siphon (*voyez* ci-après).

Pose des pierres de taille, à bain de mortier fin; ou sur cales, avec fichage serré ensuite. — Démaigrissement.

Dérasement. — Ragrément ou ravalement.

Voûtes de cave. — Pieds-droits pas beaucoup plus épais que les murs, s'il y a pression latérale et surtout charge verticale au-dessus. — Cintres et couchis. — Arcs doubleaux sous les murs de refend. — Voûte en moellon ou en briques à plat double ou de champ.

Maçonnerie en briques. — Liaison. — Combinaisons pour les angles. — Mouillage des briques poreuses pour qu'elles prennent le mortier.

Murs en pisé, au-dessus des fondations et d'un petit soubassement. — Manière de contenir la terre en la battant. — Bouts de latte pour lier. — Excellente maçonnerie quand elle est bien faite. — Enduits. — Chaperon aux murs de clôture. — Murs rustiques en plaques de terre de bruyère consistante. — Murs en torchis ou terre mêlée de paille, etc.

Murs en moellon avec mortier de terre grasse. — Pose comme avec mortier de chaux. — Enduits avec ce dernier mortier. — Mélange d'un peu de chaux à la terre pour la rendre plus ferme.

Carrelages.

Terrages. — Pour greniers à foin, etc. — Fusées ou bouts de bois entourés de foin et de terre grasse, posés jointifs, et recouverts de même terre, mélangée de foin haché ou de balle de blé avec un peu de lait de chaux, etc., suivant l'expérience de chaque pays.

Ouvrages en plâtre. — Plafonds sur lattis. — Enduits de murs. — Cloisons en briques sur champ posées avec plâtre, et hourdées des deux côtés.

Peinture, *vitrerie*, etc.

Pavage et blocage.—Pavage en blocs équarris, démaigris ou non démaigris, posés sur sable avec ou sans garniture en mortier hydraulique. — Pavage en cailloux roulés.

Ouvrages en charpente.

Principaux assemblages. — Tenons et mortaises. — Embrèvement. — Embrèvement à deux crans. — Paume. — Renfort carré ou oblique. — Tenons passants et clefs. — Queue d'hironde avec ou sans recouvrement. — Entailles à mi-bois. — A endents. — Trait de Jupiter. — Entures verticales. — Assemblages longitudinaux de grosses pièces, à crans, à étriers, à clefs noyées. — Moises boulonnées.

Pans de bois et cloisons. — Leurs parties. — Poteaux. — Guettes. — Décharges. — Tournisses. — Potelets. — Leur garni en plâtras et gravats avec lattes et enduits, ou bien en torchis.

Planchers. — Poutres. — Solives. — Enchevêtrures. — Comparaison du scellement dans les murs, et de l'assemblage sur lambourdes courantes, soutenues par des corbeaux de fer. — Distance aux cheminées. — Lambourdes contre les poutres, soutenues par des étriers. — Ou poutre refendue à faces biaises soutenant les solives sans lambourdes. — Quelques mots sur les dispositions proposées pour les planchers à grande portée, construits avec des pièces courtes. — Poutres armées.

Combles. — Pannes et faîtes portés directement sur mur de pignon ou de refend. — *Idem,* sur fermes. — Tasseaux et échantignolles.

Sablière. — Coyaux. — Chanlatte.

Ferme simple, composée d'un tirant ou entrant, et de deux arbalétriers. — *Idem,* avec poinçon. — Contre-fiches. — Jambettes.

Ferme dont le tirant est plus bas, portant un entrait supérieur au moyen de jambes-de-force, blochets, aisseliers.

Manière dont les sablières sont retenues.

Croupes. — Cayers, goussets, empanons (on donnera le trait ou ételon, mais non pas le détail des épures des faces et des assemblages).

Noues. — Lucarnes.

Ferme à la Mansard.

Quelques fermes à grande portée et toit peu incliné. — Systèmes n^{os} I et II de Saint-Paul hors murs. — Système antique ou à la Palladio.

Systèmes en menuiserie Philibert Delorme. — Proportions. — Simples pointes substituées au mode de liaison de l'inventeur. — Son emploi avec chevrons droits posés sur les arcs.

Escaliers. — Limons (on ne donnera pas les détails d'épure). — Marches. — Contre-marches.

Calculs et tâtonnements pour faire tenir dans un espace donné un escalier devant monter d'une hauteur donnée. — Formule de relation entre la hauteur et le giron. — Latitude pour s'en écarter. — Marches dansantes. — Marches se recouvrant et permettant plus de roideur. — Échelle de meunier.

Emploi du fer. — Tirants d'un mur à l'autre aux divers étages. — Moufles à clefs. — Y grecs. — Plaques reliant deux pièces de plancher et dispensant du tirant. — Poutres en fer forgé, composées d'un arc et de sa corde, et quelquefois de sa tangente. — Planchers incombustibles en fer et plâtre.

Comble avec tirants en fer retroussés et inclinés (de l'embarcadère du chemin de fer de Rouen).

Couverture. — En ardoises. — Tuiles creuses. — Tuiles plates. — Tuiles lozanges. — Planches. — Bardeaux.

Couvertures en zinc. — *Idem* en bitume. — En chaume. — En pierre calcaire feuilletée.

Emploi du bitume à divers autres usages. — Bitume naturel. — Bitume artificiel. — Confection et pose de leurs mastics.

Menuiserie. — Portes. — Volets. — Persiennes. — Croisées. — Portes charretières. — Portes de granges. — Portes à claire-voie. — Portes de bergerie. — Portes de cuisine ou d'habitations rustiques, en deux parties, supérieure et inférieure.

Menue serrurerie.

Échafauds. — Étayements.

Extinction des incendies. — Feux de cheminée. — Feux de planchers, etc.

Ouvrages extérieurs.

Clôtures.

Murs en pierre sèche. — *Idem* avec fossé au pied. — Murs en terre, à côté de fossés ou entre des fossés. — Haies sur les talus.

Treillages. — Haies sèches. — Pieux tressés.

Barrières et portes extérieures. — De diverses sortes. — Les plus économiques. — Barrière inclinée pour empêcher de frayer des sentiers à côté des chemins. — Barrière à bascule s'abaissant à volonté et se relevant seule.

Passages de piétons, infranchissables aux bestiaux. Tourniquets. Échaliers. Barrières croisées en zigzag.

Dessin des jardins et parcs.

Système régulier. — Allées droites. — Circulaires. — Talus gazonnés et rampes, plus économiques et produisant à peu près les mêmes effets que les anciens murs et escaliers.

Grilles, sauts-de-loup, treillages et autres clôtures.

Système irrégulier ou paysager. — Allées courbes. — Pelouses. — Corbeilles. — Massifs. — Ménagement des points de vue. — Mélange des essences. — Dégradation des hauteurs et des teintes. — Fabriques. — Inégalités naturelles de terrain. — Attention à avoir pour que les jardins du système paysager, comme ceux de l'autre système, ne produisent point l'ennui habituel, après une première satisfaction du coup d'œil. — Économie. — Embellissement d'un paysage en ne faisant que des choses utiles.

Distance entre les arbres et les bâtiments.

Réservoirs pour les jardins. — Fossé circulaire rempli de béton; puis creuser le milieu et bétonner le fond.

Exploitation des carrières, des marnières, des tourbières.

A ciel ouvert.

Par bouches, ouvertes au flanc d'un coteau.

Par puits et galeries. — Soutènements. — Blindages. — Extraction.

Exploitation du calcaire. — Du grès. — Du granit.

Usage de la mine. — Aiguille ou fleuret. — Précautions contre l'humidité et contre les explosions en plaçant la poudre. — Placement de l'épinglette en cuivre et bourrage. — Étoupilles de sûreté évitant l'emploi de l'épinglette, et permettant de diminuer la charge.

Exploitation de la tourbe. — Au louchet. — A la drague. — Séchage des prismes.

Petits chemins de fer (en bandes sur pièces de bois) et plans inclinés pour carrières et marnières.

Des Chemins d'exploitation et des Chemins vicinaux.

But à atteindre. — Le transport d'un point à l'autre aux moindres frais.

Principes du tracé. — Efforts pour traîner un poids donné sous diverses pentes. — Travail journalier fourni sous ces divers efforts. — Combinaison de ces deux lois, et Table qui en résulte, ou courbe de relation approchée entre la pente et la dépense de transport d'un poids donné à une distance donnée, tant pour chevaux que pour conducteur et véhicule. — Facilité d'en tirer, au moyen de nivellements et d'un léger tâtonnement, sans calculs algébriques, le meilleur tracé de chemin sur le terrain entre deux points donnés, en prenant en considération le parcours dans les deux sens, montant et descendant. — Toujours compris entre la ligne droite et la ligne d'égale pente, excepté quand celle-ci atteint une certaine limite. — Possibilité, par un ou plusieurs replis, de ne jamais dépasser celle-ci. — Tracés courbes continus, toujours préférables aux tracés brisés, excepté quand il y a des points obligés ou des obstacles isolés. — Modification au tracé, en faisant entrer en considération la correction du profil en longueur par des déblais et remblais.

Comparaison de la dépense une fois faite de la correction des parties défectueuses des anciens chemins, et le capital de la dépense perpétuelle de leur entretien et des excédants de frais du parcours sur ces parties supposées maintenues.

Dépenses, souvent énormes, en terrassements que finissent par faire les communes qui ne veulent pas modifier les tracés dans les parties trop abruptes.

Autres considérations régissant le tracé. — Exposition. — Sol ferme. — Économie des terrassements transversaux. — Économie d'acquisitions de terrains. — Passage près des habitations, et à proximité des lieux d'extraction de matériaux d'entretien. — Évitement de l'humidité et des eaux à faire écouler, etc.

Projet du chemin. — Profils en long et en travers. — Largeur ordinairement trop grande qu'on donne au chemin. — Avantage et possibilité de la réduire, surtout en disposant de distance en distance des demi-lunes dont les fossés peuvent faire le tour, et qui dispensent de déposer les matériaux d'entretien sur le chemin même. — Exemples de succès. — Chaussées et accotements. — Suppression, ou immédiate, ou graduelle de ceux-ci, qui finissent par être entretenus comme celle-là.

Talus de déblais. — Possibilité de les faire très-abrupts dans beaucoup de terrains. — Végétaux qui retardent ou empêchent leur éboulement. — Talus de remblais. — Fossés. — Possibilité de n'en pas faire partout.

Calculs des déblais et remblais. — Cotes noires et cotes rouges. — Volume d'un prisme quadrilatère tronqué par deux surfaces gauches. — Division de tout déblai, ou remblai en pareils prismes.

Calcul plus expéditif par profils moyens, et par règles de proportion pour passages du déblai au remblai.

Usage de Tables calculées. — Usages d'autres moyens prompts d'avoir la surface des profils.

Rectification, soit du projet de pentes, soit du tracé lui-même après un premier calcul de terrassements.

Distances de transport. — Compensation.

Emprunts ou dépôts de terre dans quelques cas. — Ménagement de la couche végétale pour la replacer à la surface.

Conciliation de l'économie et de l'esprit d'avenir dans l'adoption d'un tracé définitif. — Parties anciennes dans un état passable de viabilité et dans une direction à peu près bonne. — Avantage de les laisser provisoirement dans le même état, et de concentrer ses travaux sur d'autres parties.

Emploi regrettable des ressources communales sur des tracés vicieux et dans des fondrières où les matériaux s'engloutissent. — Avantage de ne travailler que sur des tracés bien arrêtés.

Divers tracés paraboliques ou circulaires pour les courbes dont on donne les tangentes en des points donnés. — Tracé préférable au moyen de simples jalons, en examinant à l'œil seulement la suite des flèches de courbure formées entre trois points consécutifs.

Construction des chaussées. — Emploi du cylindre, lorsqu'on le peut.

Entretien. — Changement prompt de l'aspect d'un chemin sous l'influence du travail d'un bon cantonnier. — Évacuation fréquente des eaux dans les endroits humides ou ravinés.

Fossés avec murs de chute, ou barrages en piquets clayonnés.

Déviation des fossés à la traversée d'autres chemins, de faible importance, pour que l'eau passe d'un côté à l'autre au moyen de simples cassis, sans ponceaux ou aqueducs latéraux.

Passage des courants d'eau.

Cassis.

Simples pierres saillantes.

Simple planche, passerelle et gué.

Faible inconvénient de la conservation d'un gué sur un ruisseau pendant longtemps, et d'une interruption de passage de quelques heures une ou deux fois par an. — Disposition des abords pour le pont futur.

Passerelle : 1° en grosses pierres brutes, longues, sur les pierres saillantes faisant pile; 2° en planches clouées sur des pieux; 3° en planches, avec garde-corps, sur des chevalets, ou tréteaux, composés d'une longue pièce, et de deux pieds.

Bacs. — Établissement de la traille et de ses supports. — Cales fixes, et tabliers mobiles pour la descente des voitures.

Simples aqueducs en pierre brute, composés de deux petites culées en maçonnerie sèche et de pierres plus longues posées par-dessus, avec garni pour soutenir le remblai. — Plusieurs aqueducs semblables, séparés par des piles, et munis de radiers en blocage pour résister à un fort courant, ce qui permet l'évacuation, à peu de frais, de grandes quantités d'eau.

Ponceaux en maçonnerie. — Débouché, par l'examen des parties encaissées du cours d'eau où il faut les établir, ainsi que de la hauteur et de la vitesse que les eaux y prennent dans les crues. — Calcul de la quantité d'eau s'il y a débordement partout. — Débouché calculé pour avoir une certaine vitesse sous le ponceau au maximum. — Calcul de la petite chute de l'amont à l'aval.

Ponceau avec murs en retour d'équerre ou en prolongement des têtes, et quarts de cône obliques, pour soutenir et raccorder des talus de deux inclinaisons différentes. — Appareil des têtes en pierre de taille. — Socles. — Pieds-droits, au besoin. — Plinthe. — Tables usuelles d'épaisseurs à la clef et des culées. — Chape. — Remblai au-dessus.

Ponceaux avec murs en aile. — Discussion sur le fruit qu'on a coutume de leur donner, et sur la contraction de l'eau à son entrée sous l'arche. — Radier.

Appareil de ponceaux biais.

Ponceau avec pente en longueur, et chute d'eau du côté d'amont. —

Fondation des culées. — Terrain naturel, ou grillage, béton, pieux jusqu'au solide, ou enceinte, draguage et bétonnage jusqu'au gravier, ou pieux perdus et moellons comprimant le terrain dans l'enceinte, grillage et plate-forme.

Ponceau en charpente avec culées en maçonnerie, et remblai sur le plancher.

Ponceaux en charpente, peu coûteux, avec plancher découvert, culées et murs en aile en pieux non équarris, perches jointives horizontales et verticales soutenant les terres.

Ponts en charpente de plusieurs travées, avec poutres, sous-poutres et contrefiches, palées contreventées par des moises en écharpe, brise-glaces, culées et murs en aile en charpente, avec pieux de retenue dans les massifs de remblai aux abords.

Pont de service sur tréteaux pour leur construction.

Ponts à treillis.

Idée des ponts suspendus à des câbles de fil de fer et des ponts de cordages.

Rampes, terre-pleins et talus de terre aux abords des ouvrages d'art, ou autour des maisons d'habitation. — Des cours, des caniveaux d'écoulement des eaux pluviales, etc. — Comment on détermine, en plan et en élévation, les intersections de surfaces planes diversement inclinées, assujetties à passer par des droites dont on connaît aussi le plan et l'inclinaison sur l'horizon. — Cas où il y a des surfaces coniques ou conoïdales raccordant les surfaces planes. — Idée de la méthode de géométrie descriptive dite *des plans cotés*. — Importance de ces dispositions d'ouvrages en terre.

Économie dans les Constructions.

(*Voir* ci-après les estimations.)

Comparaison d'une construction chère et très-durable, avec une construction moins dispendieuse, mais à renouveler au bout d'un petit nombre d'années, en ayant égard aux entretiens annuels, et à l'intérêt des premières dépenses.

Discussion sur le taux auquel il convient de prendre l'intérêt dans ces sortes de calculs.

Formules d'intérêt composé, d'escompte à long terme, d'annuités, etc., calculables par logarithmes.

Tables tirées de ces formules.

Leur application à divers sujets qui intéressent l'économie rurale ou l'administration des exploitations. — Emprunts avec amortissement. — Évaluation des bois, sol et superficie, suivant le produit des coupes périodiques, à une époque quelconque de la pousse, en prenant en considération les frais de garde, etc. — Comparaison financière de deux systèmes d'aménagement forestier. — Des assurances. — Des caisses de retraite et des associations de secours mutuel. — Idée, à ce sujet, des Tables de mortalité, et quelques notions sur les probabilités.

Résistance des solides et Stabilité des constructions.

Extension et compression que prennent des solides prismatiques de diverses matières sous des charges qui les sollicitent longitudinalement. — Coefficients d'élasticité.

Charges ou changements de longueur qui commencent à altérer leur contexture. — Expériences de MM. Chevandier et Wertheim.

Charges qui les rompent ou les écrasent. — Tableau pour diverses pierres et autres substances.

Proportion de ces dernières charges, qu'il convient de ne pas dépasser.

Pièce encastrée à un bout, et libre à l'autre, sollicitée transversalement d'une manière quelconque. — Allongement ou raccourcissement de sa fibre la plus tendue, calculé directement sans poser aucunement l'équation différentielle de la flexion de l'axe, et sans s'occuper de la courbure qu'il prend. — Cas de pièces posées ou encastrées aux deux bouts, ramené à ce premier cas par un raisonnement très-simple.

Solides d'égale résistance. — Observation sur l'épaisseur *zéro,* trouvée à un des bouts. — Correction de ce résultat en considérant que la résistance à la séparation *transversale* des molécules n'est point indéfinie.

Table des limites de compression et d'extension de fibres qu'il convient de ne pas dépasser dans les constructions permanentes.

Formules pratiques qu'on en déduit pour les dimensions transversales des pièces de bois de chêne ou de sapin, de fer forgé ou de fonte, soumises à des efforts longitudinaux ou transversaux donnés, lorsque les sections sont rectangulaires, circulaires, pleines ou creuses, ou à côtes.

Pièces très-courtes, telles que tourillons, dents d'engrenage. — Formules pratiques basées sur l'expérience.

Pièces *debout,* ou pressées longitudinalement. — Coefficients de réduction dont il faut affecter, d'après Rondelet, la formule de résistance à l'écrasement, suivant le rapport de la longueur à l'épaisseur. — Simple indication de la formule analytique de *non-flexion,* applicable au cas où la longueur dépasse quinze ou vingt fois l'épaisseur.

Résistance à la torsion et à l'altération de contexture par torsion, pour le cas d'une section circulaire pleine ou creuse. — Simple indication de la formule pour les sections carrée et rectangle, et de l'extension à une section à quatre côtés, comme celle des arbres de machine en fonte. — Simple indication d'une formule de prise en considération des écartements moléculaires dus à la flexion et à la torsion simultanées de ces arbres.

Formules pratiques, leurs applications et leurs comparaisons aux machines et aux constructions existantes.

Résultats d'expériences sur les augmentations de dimensions à adopter quand il y a des secousses.

Résistance des tuyaux et des enveloppes sphériques à une pression intérieure. — Application aux conduites d'eau, et (comme approximation suffisante) aux chaudières à vapeur cylindriques terminées par deux demi-sphères.

Applications numériques nombreuses. — Tables d'épaisseur de pièces pour combles, pour planchers, pour arbres et bras de roues motrices, pour agrafes des arcs de volants, pour balanciers et bielles.

Résistance des câbles et des courroies.

Répartition des efforts entre les différentes pièces d'un système de charpente. — On se bornera à analyser des cas où cette répartition s'obtient par de simples décompositions de statique élémentaire, en ne faisant qu'indiquer la méthode applicable aux cas où il est nécessaire de calculer préalablement les déplacements des divers points.

Voûtes. — Épaisseur de leurs pieds-droits, obtenue par tâtonnement et constructions graphiques quand on n'a pas de Tables qui s'y appliquent.

Murs de soutènement. — Idée d'une méthode analogue de calcul de l'épaisseur qu'ils doivent avoir pour ne pas être renversés. — Règles pratiques.

Hydraulique agricole ou aménagement des eaux pour la production végétale. — (*Irrigation, desséchement, drainage, colmatage et limonage, endiguement, conquête de grèves et de lais de mer, préservation de rives et de pentes ravagées, et petite navigation pour les produits agricoles.*)

Simultanéité ordinaire de ces divers travaux, et nécessité d'en présenter l'ensemble avant de donner les détails d'exécution propres à chacun d'eux. — Manière de se comporter des eaux à la surface du globe et entre les couches de son écorce. — Effets divers des eaux et des sécheresses dans l'état inculte. — Modifications que l'homme peut y apporter. — Effets bons et mauvais des premiers travaux. — Résumé historique. — État actuel.

Coup d'œil général sur les irrigations, leurs moyens, leurs immenses résultats. — Sur les limonages. — Sur les desséchements et assainissements en plaine ou sur certaines pentes. — Sur les travaux défensifs de rives. — Sur les préservations de pentes de montagnes et les reconstructions de sols dégradés. — Sur les endiguements, leurs inconvénients et les avantages qu'ils peuvent aussi avoir. — Sur les redressements. — Sur la régularisation du cours des rivières. — Sur les conquêtes de terrains et de contrées entières.

Combinaisons de ces travaux entre eux. — Possibilité de réserver, sans y nuire, des chutes nombreuses pour des usines, et des biefs pour la navigation intérieure. — État normal désirable, où tout serait utilisé pour l'agriculture, pour l'industrie et pour le commerce de transport. — Circonstances qui font progresser vers cet état. — Approvisionnements d'eaux : nécessité de les encourager en remédiant à leurs inconvénients par des moyens faciles.

Irrigations.

Rappel de ce qui a été dit sur le jaugeage des cours d'eau.

Prises d'eau sans barrage ou hors du remous d'un barrage existant. — Sur la Durance. — Sur le Tessin. — Sur d'autres rivières. — Nécessité, la plupart du temps, d'opérer au moins des rétrécissements ou des entonnoirs faisant barrage partiel. — Épis submersibles. — Simples piquets clayonnés. — Influence des approfondissements qui en résultent sur la partie du lit non barrée. — Petites prises d'eau sur des ruisseaux.

Barrages complets et dérivation totale de l'eau. — Dans quels cas possibles et utiles. — Ravins. — Ruisseaux. — Décharge du trop-plein à une certaine distance. — Suppressions de petits bras de rivière. — Procédés.

Barrages déversoirs fixes.

Direction des barrages. — Augmentation de l'écoulement quand ils sont obliques. — En écharpe et en chevron. — Dans quelle proportion l'écoulement augmente-t-il? — Limite de l'obliquité des chevrons. — Effet du barrage sur le régime des eaux. — En étiage. — Dans les crues. Chute presque effacée. — Forme du côté d'amont pour avoir le moindre gonflement des eaux moyennes pour un relèvement déterminé de l'étiage. — Leurs effets sur le régime du lit de la rivière. — Déversoirs à parois verticales. — En maçonnerie; exemples; fondations; construction; défense du côté d'aval. — En coffrages de charpente; remplissage en béton; en simples moellons; étanchement progressif; clef de corroi. — Risbermes; leur inutilité pour l'ordinaire; leurs effets même nuisibles.

Déversoirs à glacis d'aval. — Simples seuils en enrochement, avec ou sans petits pieux. — En charpente; enrochement et blocage. — Barrages dans les Pyrénées-Orientales. — *Idem* sur l'Oise, la Moselle, etc. — Avec une paroi verticale peu élevée au bout du glacis. — Déversoirs des pertuis de l'Yonne. — Avec enrochement prolongé, lardé de petits pieux. — Charpente recouverte par des libages. — Clef de corroi ou mur en béton au milieu. — Glacis en doucine. — Inconvénient des courbes convexes.

Barrages en gradins. — Leur peu d'avantage. — Suite de petites chutes obtenues par des lignes transversales de pieux et palplanches, de hauteurs différentes, échelonnées à de certaines distances les unes des autres, et garnies d'enrochements. — Exemple.

Barrages déversoirs sur petits cours d'eau. — En charpente, dans les Pyrénées-Orientales, etc. — En chevalets, reconstruits à peu près tous les ans; dans *idem, etc.* — Vieux barrages de moulins. — Rive faisant déversoir sur une certaine longueur du côté d'amont.

En fascines, gazons, terre, etc.

Enrochements dans les cases d'un fascinage.

Accidents aux barrages de l'Islé.

Affouillements en aval. — Comment ils s'opèrent. Communication latérale du mouvement. — Leur limite nécessaire, résultant d'un équilibre dynamique entre la résistance du fond et l'action corrosive qui diminue avec la profondeur. — Comment les enrochements augmentent la résistance du fond; influence du volume des blocs. — Comment les glacis peuvent diminuer l'action corrosive. — Effet moindre des risbermes ou gradins. — Pieux, palplanches ou perches jointives atteignant le fond de l'affouillement; données sur leur longueur quand il y a déjà des barrages déversoirs sur des parties du cours d'eau où le fond est de même nature.

Choix du système. — Dépend des matériaux, du régime, de la nécessité d'épargner l'eau, etc.; raisons de préférer, le plus généralement cependant, le système en charpente et moellons, avec glacis le plus ordinairement, mais quelquefois aussi sans glacis, ou avec un glacis court.

Épaisseurs. — Proportions. — Talus. — Assemblage des pièces de bois.

Appareil des pierres de taille, si la tablette en est composée.

Culées, ou revêtement des rives qui en tiennent lieu.

Barrages mobiles. — Vannes. — Culées en maçonnerie ou charpente, piles, ou poteaux arcboutés; seuils; chapeaux; radiers en maçonnerie ou en charpente. — Moyens d'ouverture et de fermeture. Simples perches ou poignées; vis en bois ou en fer; levier; crics; passerelle de service. — Coulisseaux en métal. — Vannes à compartiments, qui se masquent les unes les autres, et se découvrent par un seul coup d'un levier à secteur.

Calcul de la résistance des pièces d'une vanne et de son cric.

Précautions contre les affouillements en aval du radier. — Contre les filtrations dangereuses.

Portes busquées criblées de ventelles. — Anciens pertuis.

Planchettes les unes au-dessus des autres.

Barrage mécanique à hausses, de M. Thenard.

Poutrelles. — Leur enlèvement. — Systèmes à échappement par repoussement latéral une à une, ou par appui sur un poteau mobile autour d'un axe horizontal ou vertical.

Aiguilles. — Larges et courtes, retenues par une corde horizontale. — Longues et étroites, appuyées sur une barre de bois tournante. — *Idem* sur traverses en fonte horizontales, reliant de petites fermes verticales en fer. — Disparition complète du barrage dans les eaux moyennes ou hautes, en abaissant les fermettes latéralement. — Suppression, à volonté, d'une partie seulement d'un pareil barrage. — Possibilité, avec ce système, de mettre largement à contribution, sans inconvénient pour la navigation et pour les plaines riveraines, les grandes rivières pour d'abondantes irrigations, dont les canaux produiraient des limonages en hiver, et d'étendre les prairies au delà du niveau des plus grandes inondations d'une vallée.

Barrages mobiles accolés à des barrages fixes. — Pour usines, pertuis de navigation ou de flottage.

Des cas où il convient de faire un barrage mobile.

Canaux d'irrigation.

Se divisent en canal principal. — Canaux secondaires ou d'embranchement. — Canaux de fuite et de colatures pour recevoir les eaux d'égout et les eaux introduites et non employées, ainsi que pour la mise à sec, quand les ravins et ruisseaux du pays ne suffisent pas pour cela.

Canal principal.

Rappel de la relation entre la pente, la vitesse moyenne et le périmètre mouillé, sur lequel la résistance agit. — Formules et Tables. — Modification quand il y a des herbes.

Limites de vitesse suivant la ténacité du terrain, mais en ayant égard à ce qu'il se raffermit dans les moments où il coule moins d'eau, que des herbes le consolident, que des limons s'y déposent.

Vitesses moyennes sur quelques canaux.

Forme générale de la section. — Talus suivant la nature du terrain. — Hauteur qui, pour une inclinaison déterminée des talus, donne le plus de vitesse et de débit avec une section et une pente données.

Tracé du canal entre la prise d'eau et le haut du terrain à irriguer. — Diminution, par des terrassements longitudinaux, des sinuosités trop grandes que lui ferait affecter une ligne de pente uniforme appuyée sur le terrain. — Tracé presque toujours courbe malgré cela, sauf dans les grandes tranchées et les souterrains, et les forts remblais en plaine, par lesquels on coupe les rameaux et les creux. — Endroits où il convient quelquefois d'établir des chutes.

Possibilité, par des canaux secondaires, d'envoyer les eaux sur des zones aussi étendues malgré les chutes et les coupures. — Utilisation des chutes.

Premiers nivellements de reconnaissance et de repèrement. — Tracé définitif après tâtonnements et calculs.

Considérations multipliées, tirées de la nature et du prix des terrains traversés, des localités à desservir, de l'orientation, etc.

Comment avoir égard aux eaux perdues par évaporation. — Par filtration. Exemples de divers canaux de navigation. — Par imbibition et remplissage après chômage. — Par les interstices des vannes de décharge. — Ensemble de ces pertes sur quelques canaux d'Italie.

Affluence d'eaux dans le canal à divers points de son parcours.

Élévation du plan d'eau du canal au-dessus du terrain naturel, de manière à pouvoir y faire les prises d'eau sans barrages. — Cette condition n'est pas de rigueur.

Contre-fossé du côté d'amont.

Tranchées profondes. — Accidents auxquels elles sont sujettes. — Souterrains.

Forts remblais. — Précautions.

Remèdes aux filtrations. — Leur reconnaissance. — Emploi du sablon. — Introduction d'eaux troubles si celles du canal ne le sont pas naturellement. — Terrains pour lesquels ces moyens ne suffisent pas. — Cuvettes en terre d'une nature différente. — Chapes en béton recouvert de terre. — Revêtement en maçonnerie. — Précautions contre les trous de taupe.

Revêtements contre les corrosions. — Perrés.

Passage sur les flancs abrupts des montagnes. — Divers procédés. — Essai préalable des moins coûteux.

Ouvrages accessoires.

Canaux secondaires, tracés d'après les mêmes principes; mais comportent plus de pente.

Vannes de décharge.

Épanchoirs de fond, à siphons, du canal de Languedoc, s'amorçant et se désarmorçant d'eux-mêmes selon les niveaux.

Déversoirs latéraux.

Canaux de décharge et de colature. — Envoi aux cours d'eau existants.

Prises d'eau de canaux secondaires ou de rigoles privées. — Description de celles des canaux du midi de la France. — Martelières en Provence, œils dans les Pyrénées. — Incertitude qu'elles laissent sur les quantités tirées du canal principal.

Description des *modules* des canaux d'Italie. — Leurs vices, malgré la bonté de leur principe. — Inconvénient résultant de ce que l'écoulement par un orifice rectangulaire, d'une hauteur et sous une charge données, n'est pas proportionnel à sa largeur. — De ce que cet écoulement dépend aussi de la manière dont l'eau s'échappe du côté d'aval, quand l'orifice n'est pas entièrement découvert de ce côté. — De ce qu'il dépend encore de la distance des bords au fond et aux côtés du petit canal par lequel l'eau y arrive, et de la vitesse qui a été imprimée à l'eau dans ce canal au passage de la vanne régulatrice. — Insuffisance des moyens employés pour amortir cette vitesse. — Leur grande dépense.

Possibilité d'arriver, dans l'état actuel de l'hydrodynamique pratique, à des dispositions meilleures, et aussi beaucoup moins dispendieuses. — Essais à ce sujet. — Placement de la vanne du côté d'aval, et de l'orifice contre le canal principal dont l'eau n'a qu'une vitesse négligeable, dirigée d'ailleurs tangentiellement. — Petit appareil donnant la charge ou différence de niveau sous laquelle l'écoulement se ferait par cet orifice. — Appareils économiques de jaugeage pour les petites prises d'eau privées.

Partiteurs ou éperons présentant leur tranchant au milieu d'un passage, pour sous-diviser l'eau d'un canal secondaire.

Ponts. — Leur emplacement le plus économique. — Disposition des abords, pour la circulation latérale ou directe des voitures, etc.

Aqueducs. — Tout en maçonnerie. — En tuyaux de fonte. — En maçonnerie pour les pieds-droits, avec recouvrement en plaques de fonte. — En madriers de chêne jointifs et toujours noyés (buses). — Aqueducs siphons. — A voûte horizontale. — A portions de voûte inclinées sous les perrés des talus. — Régime qui s'y établit et qui limite les dépôts de vase et de gravier. — Calculs pour éviter les effets fâcheux des sous-pressions. — Grands ponts-aqueducs à plusieurs arches. — Notions sur la fondation de ces grands ouvrages suivant la nature du fond. — Tuyaux ou auges-aqueducs sur des poteaux.

Petites irrigations. — Canaux dérivés de ruisseaux, ou venant d'étangs.

Ouvrages destinés à une petite navigation. — Chemin de halage. — Écluses à sas, leurs portes, leur appareil, etc., avec des pertuis latéraux pour laisser passer les eaux d'irrigation.

Fondation des écluses suivant la nature du fond et la difficulté des épuisements.

Difficulté de la navigation dans les canaux à eau courante.

Plans inclinés pour franchir les fortes chutes.

Digression sur le flottage et les autres moyens de transport économique des bois. — Glissoires. — Exemples. — Emploi de l'eau congelée. — Passage des vallons.

Établissement du flottage à bûche perdue sur un ruisseau ou un ravin. — Étangs. — Poussage des bûches qui font encombrement. — Petits pertuis. — Poutres flottantes comme guides. — Arrêt par chevalets et perches.

Triage, réunion en parts de train et en trains. — Éclusées.

Construction des usines hydrauliques sur les canaux d'irrigation et ailleurs.

Utilité de placer des moulins aux chutes et à l'extrémité d'aval des canaux d'irrigation, ainsi qu'auprès des barrages ou dans des dérivations latérales. — Ils peuvent marcher pendant la plus grande partie de l'année. — Vannage en tête des longues dérivations pour régler l'arrivée des eaux et les empêcher de se perdre par le déversoir latéral à l'usine quand celle-ci ne marche pas. — Largeur des déversoirs. — Ordinairement égale à celle du canal à fleur d'eau. — Largeur totale égale de la somme des vannes motrices et de décharge. — Construction des déversoirs d'usines. — Coursiers en bois; leur fondation. — Coursiers en pierre de taille et leur fondation. — Précautions contre les filtrations. — Éperons séparant les coursiers moteurs des roues quand il y en a plusieurs, ou ceux-ci des coursiers de décharge, et supportant les paliers des roues. — Divers moyens d'échelonner les roues multiples. — Cabinets d'eau et passages de huches ou larges conduits rectangulaires les uns au-dessus des autres pour diminuer la longueur des arbres de roues. — Huches de décharges. — Placement des roues à couvert. — Grilles ou râteliers pour arrêter les corps flottants.

De la pratique des irrigations, ou de la conduite des eaux sur les différentes parties des terrains à arroser.

Conditions. — Répartition la plus égale. — Pas de stagnation. — Assèchement et évacuation prompte de ce qui excède la quantité d'eau nécessaire.

Divers procédés, suivant la pente et les autres circonstances.

A. *Par déversement ou ruissellement, applicable aux prairies.*

1°. Quand le terrain a une pente prononcée. — Rigoles de niveau échelonnées, dont le bord d'aval fait déversoir (système préférable aux échancrures). — Leur profil transversal pour entraver le fauchage le moins possible. — Leur distance selon la pente, et selon la nature du terrain. — Fonction de chacune pour arroser avec égalité la zone au-dessous et pour assécher celle au-dessus. — *Reprise d'eau*, ou admission, par chaque rigole, de l'eau qui a déjà coulé et qui tendait à s'étaler inégalement en laissant les reliefs pour se concentrer dans les plis. — Rigoles de plus grande pente amenant aux diverses rigoles de niveau, à partir soit directement du canal, soit d'une rigole principale à faible pente, l'eau qui leur manque, et conduisant finalement l'excès d'eau au colateur. — Les placer dans les thalwegs par ce dernier motif. — Division de chaque rigole déversoir en parties sans communication, quand le niveau n'y est pas bien exact d'un bout à l'autre.

Travail de l'Irrigation.

Petites vannes en bois ou en tôle, ou mottes de gazon. — Eau amenée plus directement à chaque rigole de déversement quand elle contient un limon qu'on veut faire déposer également partout. — Examen de l'opinion que l'eau reprise est moins bonne. — Distinction.

Soins à mettre dans le tracé de toutes ces rigoles à l'aide d'instruments, et dans le choix de leur emplacement. — Correction au réglement de leur bord d'aval après un premier arrosage. — Piquets de hauteur. — Grande influence de ces précautions sur la consommation d'eau, ainsi que sur la dépense. — Emploi exclusif des formes courbes pour éviter les aplanissements coûteux, et pouvoir se contenter d'étaupinages et autres régalements à la ravale ou pelle à cheval, ou de labours, ensemencements et roulages pour toute préparation du terrain.

2°. Quand la pente transversale est très-faible. — Rigoles d'arrivée, de plus grande pente, à section décroissante, avec pattes d'oie; et rigoles d'assèchement, aussi de plus grande pente, à section croissante, dans les intervalles des rigoles d'arrivée. — Placement des premières sur les petites saillies, et des secondes dans les petits creux, qui existent toujours plus ou moins sur tous les terrains (1).

3°. Quand la pente est extrêmement faible. — Disposition du terrain par planches, appelées aussi *billons,* ou ados, ailes, au moyen de terrassements précédés au besoin de dégazonnages et souvent de regazonnages, ou bien par un labourage fait convenablement dans le sens de la pente, et suivi de régalements à la pelle, et d'un ensemencement en graine de foin. — Creusement des rigoles au haut des billons et des rigoles dans les noues qui les séparent. — Plus grande longueur des planches pour une égale arrivée des eaux. — Second ensemble de planches à un niveau légèrement plus bas, quand le terrain a plus d'étendue. — Séparation de ces deux systèmes par une rigole de niveau qui rétablit l'égale répartition des eaux entre les diverses planches. — Pentes transversales des versants des planches. — Leur largeur. — Désavantage et dépense inutile des *planches larges* ou ados larges à rigole intermédiaire entre les sommets et les noues. — Examen critique du système des *planches à versants inégaux* dirigées transversalement à la pente du terrain, et (ce qui revient à peu près au même) des rigoles de reprise d'eau alternes. — Calculs à ce sujet. — Minimum de dépense. — Nécessité d'introduire l'art raisonné, le calcul et l'usage des instruments de nivellement exact dans les derniers détails de la pratique des irrigations, et de ne pas les abandonner à de simples manœuvres qui satisfont rarement à l'économie en même temps qu'à la convenance. — Cas extrêmes où il faudrait des terrassements longitudinaux pour pratiquer les billons. — Alors, ordinairement, l'irrigation s'opère plutôt par submersion ou par infiltration.

B. *Par submersion ou inondation.*

1°. En faisant refluer de l'eau d'un canal ou d'un ruisseau sur une certaine étendue de terrain, au moyen d'un barrage et d'une digue.

2°. En conduisant l'eau sur le terrain divisé en compartiments encaissés par des bourrelets ou petites digues. — Eaux troubles surtout. — Maximum convenable de hauteur de l'eau. — Limite du temps de submersion selon la quantité d'eau, la saison et la température. — Caractères d'un commencement de fermentation nuisible. — Avantages et inconvénients comparés de l'inondation et du déversement, d'après Schwerz. — Discussion. — Distinction des cas.

---

(1) Une partie de ceci est empruntée à un ouvrage encore inédit de M. Pareto.

C. *Par infiltration.*

Largeur minimum ou ordinaire et distance, suivant la nature du terrain, des canaux où l'on retient l'eau sans la faire arriver jusqu'au niveau du sol. — Vannes de retenue. — Durée. — Profondeur minimum à laquelle il convient que l'eau baisse après l'infiltration opérée. — A quels terrains cette irrigation convient surtout. — Emploi des eaux pluviales pour l'opérer sur les pentes.

Quelques mots sur les irrigations souterraines essayées dans le Midi depuis peu de temps. — Leur produit pour les jardinages et les céréales. — Leur dépense.

Irrigation des jardins. — Des cultures. — Des arbres. — Des prairies artificielles.

Du Limonage.

Son efficacité en raison de l'abondance des eaux, de leur stagnation, de leur forte épaisseur, du temps de leur séjour. — Proportion de limon contenue dans les eaux de divers fleuves ou rivières, etc. ; dans les crues et dans l'état habituel. — Proportion qui se dépose sous diverses diminutions de vitesse, et au bout de divers temps.

Exemples de la Crau, de la Campine, etc.

Possibilité de se partager entre usagers des mêmes canaux, les eaux d'été pour les arrosages, et les eaux d'hiver pour les limonages.

Warping des Anglais, ou apport du limon de l'embouchure des rivières, au moyen de l'élévation due au flux de la mer.

Trous pratiqués par les laboureurs de certains pays pour recueillir le limon enlevé aux chemins ou aux champs voisins par les eaux pluviales. — Fossés barrés dans d'autres pays.

Nays, ou fosses le long du canal de Craponne pour amasser le limon de la Durance.

Possibilité de recueillir de la même manière (ainsi qu'il a été proposé par M. Poirée) de la marne délayée dans l'eau d'un canal, et ainsi transportée par une sorte de *flottage,* quand les autres moyens de transport économique manquent. — Expériences à entreprendre pour connaître les limites de possibilité ou d'avantages.

Recherche ou approvisionnement de l'eau nécessaire aux irrigations quand on n'en peut faire arriver d'un cours d'eau pérenne, ou quand il n'en fournit pas assez dans la saison des arrosages.

1°. *Élévation par des machines.*

Prix du mètre cube de l'eau ainsi élevée principalement par le manége à bascule à mouvement contenu, les norias, les roues à godets et à tympans, la vis d'Archimède hollandaise, le moulin à vent de M. Amédée Durand et la machine à vapeur élévatoire de Cornwall.

2°. *Du forage des puits artésiens, et des sondages en général.*

Assemblage des tiges en fer. — Tiges en bois — Tarières ou cuillers. — Trépan rubané. — Ciseau. — Alézoir à glaises. — Trépan cannelé. — Langue de serpent. — Tire-bourre. — Engin pour manœuvrer la sonde. — Glaisage des parties ébouleuses. — Tubage. — Emploi au besoin d'élargisseurs en enfonçant les tubes successifs.

Sondage chinois à la corde et au levier de battage. — Cylindre à soupape retirant le produit de l'action du trépan.

Tube de retenue, et, au dedans, tuyau d'ascension ayant une bague posée sur la couche imperméable recouvrant la couche aquifère.

Puits absorbants, dits *boitouts* ou embucs.

3°. *De la recherche des sources peu profondes.*

Caractère de leur existence, d'après Vitruve, Bélidor, Bertrand, etc. — Leur incertitude.

Sources appelées *têtes de fontaine* en Lombardie. — Procédés pour les obtenir.

Augmentation du volume d'anciennes sources par le curage de leur bassin et l'abaissement du niveau de l'eau qui les presse.

4°. *Des eaux de petites sources, recueillies.*

Sources trop peu abondantes pour produire une irrigation, et, d'ailleurs, trop froides en été et souvent privées d'air en dissolution, recueillies dans de petits réservoirs qu'on lâche périodiquement. — Construction économique de ces réservoirs dans les Cévennes et ailleurs.

5°. *Des eaux pluviales recueillies dans des fossés.*

Fossés de niveau, sans issue, pour produire une irrigation par infiltration sur le flanc des coteaux. — Fossés moins profonds, à faible pente, pour produire une irrigation par déversement en prolongement des pluies, et un limonage, en même temps que la suppression des ravins.

6°. *Des eaux pluviales et des eaux des crues de ruisseaux rassemblées dans des étangs.*

Utilité des étangs pour pouvoir faire des irrigations sans contestations et sans léser aucun droit acquis. — Choix de l'emplacement d'un étang. — Terrains qui sont propres à leur établissement. — Proportion de l'eau tombée sur un bassin, que l'on peut espérer y recueillir. — Rigoles en écharpe capables d'y amener des eaux de la partie aval du même bassin. — Construction de la digue ou chaussée. On peut y employer presque toute terre de la vallée même, si l'étang y est possible, en opérant des pilonnages, et sans clef de corroi en glaise. — Chaussons; on peut, par leur moyen, faire un étang sur un plan incliné. — Bonde. — Préférence à donner ordinairement à l'ancien système du pilon en bois contenu entre deux montants, ou dans un puits en briques comme aux thous nouveaux de la Bresse. — Précaution pour empêcher la buse en bois de laisser filtrer l'eau latéralement. — Bondes en tuyaux de métal. — Déversoir. — Grilles lorsqu'on veut empoissonner. — Canal de ceinture. — Divers moyens de prévenir toute insalubrité et d'assainir les anciens étangs. Par des déblais et remblais sur les bords, pour que toute la partie au-dessous de l'eau soit habituellement recouverte d'une certaine épaisseur de ce liquide. Par des déblais et remblais moins volumineux, et des plantations sur petites levées parallèles. Par une petite digue de ceinture avec fossé extérieur, séparant et desséchant la zone marécageuse. Application aux anciens étangs de Saint-Cyr.

Des grands réservoirs (*pantanos* en Espagne). — Précautions pour empêcher leur haute chaussée de s'ébouler après avoir été pénétrée et ramollie par l'eau, ou surmontée et dégradée par les vagues. — Pilonnage avec pilon entaillé, pour être plus efficace. — Perrés intérieurs maçonnés avec mortier. ou posés sur couche imperméable, et disposés avec banquettes aussi revêtues, et quelquefois avec petits murs. — Ou bien, talus fort allongé, et simple revêtement sur la partie la plus exposée au batillage et aux vagues.

Voûtes, puits et vannes, ou robinets de prise d'eau et d'évacuation.

Exemple remarquable en Asie.

Grands réservoirs des canaux de navigation en France.

Clapets, etc., s'ouvrant et se fermant spontanément au moyen, soit de flotteurs, soit d'un filet d'eau. — Exemples de l'approvisionnement d'eau de Greenoch, etc. — Complications à éviter.

Des mares dans les fermes. — Glaisage et bétonage de leur fond au besoin, avec couche de gravier par-dessus.

Époques et nombre des arrosages (dans leurs rapports avec la quantité d'eau à fournir pendant chaque saison).

Distinction entre les arrosages destinés à vivifier la végétation, et pour lesquels de l'eau pure et suffisamment aérée suffit, et les arrosages destinés à amener des matières fécondantes. — Ceux-ci en quelque sorte indéfinis. — Ceux-là fort restreints, pour les prairies naturelles du centre et du nord de la France. — Arrosages de printemps ou de première coupe. — Arrosages d'été ou de seconde coupe. — Diminution que la pluie, les rosées et l'état hygrométrique permettent d'y faire. — Jusqu'à quel point les arrosages d'automne et d'hiver avec des eaux claires à la température ambiante, disposent l'herbe à fournir une première coupe plus belle, ou diminuent le tort causé par les nuits et les pluies froides et les gelées blanches.

Eaux de sources, plus chaudes que l'air en hiver. — Verdure qu'elles font naître. — Prés marcites.

Excès d'eau nuisibles à l'herbe; suspensions des limonages en certains temps.

Horaire, ou heure forcée d'arrosage pour chaque usager le long des grands canaux. — Influence de cet assujettissement.

Effet des submersions naturelles. — De la capillarité du sol et de l'humidité de l'air dans les plaines basses sillonnées par un cours d'eau. — Exemples de mise en communication d'une couche cultivée avec une nappe d'eau inférieure, pour lui donner la fraîcheur dont elle manquait.

Quantité d'eau nécessaire aux irrigations de prairies naturelles.

Son estimation de plusieurs manières : 1° par la hauteur du prisme d'eau employé annuellement; 2° par la hauteur de celui qui est consommé à chaque arrosage; 3° par le jaugeage, en litres et centièmes de litre par seconde, du courant pérenne capable de fournir, sur un hectare, ce dernier prisme *pendant la période moyenne d'intervalle entre deux arrosages consécutifs.*

Concordance de ces trois manières. — Précautions pour éviter la confusion et les erreurs. — Limonages de la Moselle, etc.

Comparaison et discussion des opinions de divers auteurs sur la quantité d'eau. — Possibilité de la diminuer beaucoup par un bon rigolage, une conduite attentive des eaux, et la réduction au nécessaire suivant le climat et les pluies. — Profondeur à laquelle il suffit que chaque arrosage humecte le sol. — Réductions qui s'opèrent dans les localités où l'on peut vendre les colatures. — Épreuve, par un coup de bêche, du degré d'humectation du sol, avant de donner un arrosage. — Possibilité de ne donner aux étangs que la capacité nécessaire aux arrosages de seconde coupe. — Rapport de leur superficie à celle des prairies qu'ils desservent.

Quantité d'eau pour les premiers arrosages après l'ensemencement en herbe. — Distinction des terrains poreux. — *Idem* des jardinages. — *Idem* du mode d'arrosage. — Quantité consommée aux arrosages par submersion. — Par infiltration.

Terres cultivées. — Rizières. — Abus de l'eau dans beaucoup de pays d'irrigation.

Desséchements.

Grands avantages, mais difficulté de ces entreprises. — Insuccès financiers nombreux. — Leurs causes. — Exemples de succès.

1°. *Marais en plaine.*

Détournement de la plus grande partie des eaux venant des côtés ou du haut, en profitant de toute la pente qu'on peut leur donner. — Dépenses comparées du contour total (rarement praticable), et du passage direct, au moins partiel, à travers le marais (en maintenant toujours la séparation avec celui-ci). — Exemple du Vigueirat d'Arles, etc.

Émissaire ou canal d'écoulement, au centre ou au thalweg, pour les eaux non détournées. — Pente et profils ordinairement variables. — Calcul de dépense comparative à ce sujet.

Confusion que l'on fait souvent entre les eaux recouvrant actuellement un marais et les eaux qui y arriveront, et dont on doit surtout s'occuper.

Fossés ou canaux d'écoulement secondaires aboutissant à l'émissaire. — Leur tracé eu égard au relief, aux facilités de la culture, aux moyens d'irrigation, etc. — Hauteur du plan d'eau dans ces fossés, eu égard à l'affaissement ultérieur du terrain, par l'écobuage, la culture et le desséchement lui-même. — Largeurs, eu égard aux rétrécissements futurs. — Ordre des travaux pour éviter l'accumulation des vases.

Formule $\tang \alpha = \frac{I''}{I'}$ de Prony pour l'inclinaison α de la ligne de plus grande pente sur une droite dont on connaît la pente I' en connaissant aussi celle I'' d'une ligne qui lui est perpendiculaire. — Formule $I^2 = I'^2 + I''^2$ pour la grandeur I de cette plus grande pente. — Ses usages dans d'autres circonstances.

Fossés de ceinture ou d'égout pour les filtrations et les sources au pied des levées des canaux de détournement, ou au pied des coteaux.

Séparation des cours d'eau naturels par des digues, avec contre-fossés postérieurs, si leur détournement est trop cher.

Dépression ordinaire des pieds de coteau comparativement aux rives des cours d'eau.

Possibilité de concilier le dessèchement et l'assainissement avec le maintien des moulins existants, et même la création, en contre-haut du sol voisin, de chutes nouvelles au moyen de redressements dont les bords soient convenablement entretenus. — Mais répression des abus, et abaissement des points d'eau évidemment trop élevés.

Observation essentielle sur la distance verticale entre le sol d'une prairie et le niveau de l'eau dans un bief. — Cette eau peut ne pas nuire aux bords; mais, en relevant la nappe souterraine qui a une pente obligée, elle peut maintenir le pied du coteau à l'état de marécage, à moins qu'on n'y fasse des fossés.

Échouage de tuyaux de métal ou de buses calfatées, au fond de cours d'eau, et leur emploi pour faire passer d'une rive à l'autre les eaux d'égout d'un marais.

Issue des canaux d'écoulement. — Prise en considération de la variabilité du niveau des eaux à cette issue. — Vannes, clapets, portes busquées (*voir* ci-après).

Grandes tranchées effectuées pour faire évacuer les eaux d'un lac.

Sections à donner aux canaux d'écoulement. — Évaluation par l'étendue des versants, le prisme des grandes pluies, la nature, la culture et le relief du terrain, la simultanéité ou la succession des arrivages, de la quantité d'eau à évacuer. — Estimation, par quelques comparaisons, du temps nécessaire pour que l'eau tombant sur un bassin arrive à un point déterminé de son émissaire. — Inutilité et impossibilité de donner passage à l'eau des plus forts orages. — Exemples prodigieux de leur prisme d'eau. — Faible inconvénient de submersions rares, et même, pour certaines cultures, de submersions annuelles. — Précautions pour prévenir ou atténuer leurs inconvénients ou leurs ravages, et pour éviter toute stagnation. — Digues déversoirs en terre gazonnée à talus allongé. — Plantations amortissant les courants sur le sol.

Études attentives, et à plusieurs reprises, des moyens, singulièrement variables selon les localités. — Estimations comparatives. — Prise en considération de la stabilité des ouvrages et de la dépense de leur entretien futur.

Dispositions pour faciliter les réparations et entretiens, les chasses d'eau, etc.

Bateau à ailes pour curer, par l'action seule du courant, les canaux envasés.

Effets de la pression des remblais sur les sols vaseux ou tremblants.

Usage des boitouts forés ou simplement creusés, et remplis en pierres, fagots, etc. — Boitouts ou gouffres naturels.

Perméabilité de certains sous-sols.

Irrigations indispensables aux terrains desséchés.

2°. *Marais indesséchables par simple écoulement.*

Premier moyen. — Emploi de machines mues par le vent ou la vapeur.

Étendue conservée en lac pour l'évaporation des eaux venant du reste. — Réduction du volume de ces eaux par des canaux de ceinture.

Exemple des marais entre le petit Rhône et le canal de Beaucaire.

Deuxième moyen. — Confection de fossés et de levées alternativement. — Parti considérable que l'on tire de ces levées en les plantant. — Assainissement de l'air produit par ces plantations.

Exemples de la Sèvre niortaise et de la Vendée.

Marais mouillés ou mottées. — Demi-dessèchements, ou prés n'asséchant qu'au printemps. Prés n'asséchant qu'à la fin de juillet.

Quels sont les marais non insalubres, pour lesquels un dessèchement incomplet est sans inconvénient.

Plantation, au moyen de fossés et de levées, des chambres d'emprunt de chemins de fer.

Troisième moyen. — Colmatage. — Diffère du limonage, dont on a parlé ci-dessus, en ce qu'il n'a pas pour but d'apporter dans le sol des principes fertilisants, mais d'élever son niveau, pour le rendre desséchable par écoulement. — S'applique surtout aux marais du bord de la Méditerranée.

On l'emploie cependant aussi à des apports de terre, ou même de sable, sur des tourbes, pour les y mélanger ensuite par le labour.

A cette opération peut se rapporter aussi celle appelée *terrement* par Thaer, consistant à faire ébouler le sol, ou plutôt le sous-sol d'un coteau, pour remplir un endroit bas, inondé par un petit cours d'eau, et donner à l'un et à l'autre une même pente générale et suffisante, qui permettra de les arroser. — Comparaison avec la dépense et les avantages qu'on retirerait du desséchement de la prairie basse que l'on dénature ainsi, et de son irrigation ensuite, ainsi que de celle du coteau.

3°. *Prairies humides.*

Cas où la plaine n'est qu'humide et ne fait pas un marais proprement dit, quoique son herbe soit en partie de la nature de celle des marais.

Curage du cours d'eau central, pour faire rentrer les eaux dans leur lit l'été, et faire baisser la nappe d'eau. — Loi ordonnant le curage.

Redressements. — Ils font gagner du terrain.

Petites digues espacées avec contre-fossés. — But principal d'arrêter les inondations estivales.

Simple fossé au pied du coteau.

Conserver les inondations d'hiver; les provoquer même par des barrages, faute d'autre irrigation, en creusant des colateurs pour leur retraite sans séjour nulle part.

Interrompre les digues, pour l'admission des eaux latérales : 1° dans les endroits où le cours d'eau se rapproche du coteau; 2° aux confluents; 3° en aval des chutes.

Emploi des marées pour faire refluer l'eau douce et produire des irrigations par submersion. — Exemple de l'Achenau, etc.

4°. *Des marais ou marécages en pente, et des terrains humectés par des eaux venant du dessous.*

Sols goutteux, mouilleux, uligineux. — Terres froides.

Variété extrêmement grande des causes de l'humidité des terrains.

Sondages pour étudier le sous-sol et son relief. — Fossés pour tirer les eaux séjournant souterrainement aux points bas du sous-sol. — Fossés spéciaux pour les sources visibles. — Fossés à peu près horizontaux creusés jusqu'au-dessous du niveau supérieur de la couche imperméable sur laquelle coule une nappe d'eau. — Fossés de plus grande pente ou d'évacuation.

Nappe d'eau alimentée par des hauteurs, et emprisonnée sous une couche imperméable mince, recouverte par le sol végétal, que l'eau tient dans un état habituel d'humidité en suintant de bas en haut. — Insuccès des simples fossés creusés dans les deux couches supérieures. — Efficacité d'issues plus profondes données de distance en distance aux eaux de la nappe par des ouvertures.

Avant-couche de terre peu perméable que les pluies ont amenée à la partie inférieure d'un coteau en terre poreuse, reposant sur une couche imperméable. — Eaux retenues dans l'angle formé par celle-ci et par l'avant-couche qui la joint au pied du coteau. — Nécessité de faire des trous verticaux suffisamment nombreux dans un fossé creusé un peu plus haut que cette jonction, jusqu'à la partie poreuse dans laquelle l'eau est contenue. — Succès nombreux des travaux d'Elkington dans cette direction. — Cas très-variés.

Nombre considérable de terrains rendus improductifs par des eaux à l'état de suintements vagues, ou restant stagnantes entre deux terres. — Terrains à sous-sol imperméable, comme la Sologne, les Landes, etc. — Marais *intérieurs* ou cachés. — Leurs effets fâcheux. — Remèdes.

Tranchées couvertes. — Drainage.

Terrain perdu et entraves qui seraient apportées à la culture par des fossés nombreux et découverts.

Comblement du haut de ces fossés, en laissant un écoulement au fond.

Coulisses en pierrailles, en grosses pierres perdues, en pierres ou tuiles formant des conduits plus ou moins réguliers. — En gazons, pailles ou branches, recouvrant une partie de fossé plus étroite, et posant sur deux bermes. — En fagots d'épine, de bruyère, d'aune, portées par des croix de Saint-André en bois, etc.

Travaux de ce genre dans l'antiquité. — Eaux d'égout recueillies pour arrosage de terres inférieures. — Kérises et puits échelonnés des Persans.

Proportion d'eau qui fait les bonnes terres *fraîches*. — Ses limites. — Quantité qui commence à nuire.

Terres qui ont le défaut d'une extrême sécheresse en été et d'une extrême humidité en hiver et au printemps.

Drainage. — Emploi de files de tuyaux de terre cuite. — Diamètre. — Mode d'assemblage des bouts. — Par où l'eau arrive dans leur intérieur. — Longueur maximum et pente des files de tuyaux. — Pente d'équilibre prise par une nappe d'eau, en vertu de la capillarité, dans un terrain supposé homogène. — Profondeur et distance des drains suivant cette pente, celle du terrain et celle des tuyaux, pour obtenir l'assèchement jusqu'à une profondeur donnée. — Résultats d'expériences. — Influence des eaux surgissantes. — Drains principaux. — Cheminées aux jonctions. — Largeur des tranchées.

Avantages nombreux du drainage, outre l'assainissement.

Prix des tuyaux de drainage, de leurs tranchées et de leur pose. — Prix par hectare.

Insalubrité de certains pays où il y a peu ou point d'eaux stagnantes *apparentes*. — Quelques recherches sur les causes et les remèdes.

Défense de rives corrodées.

Régime des rivières. — Vitesses d'entraînement de diverses matières par l'eau. — D'après Du Buat. — D'après MM. Telford et Nimmo. — Elles n'y restent suspendues qu'en vertu des différences de vitesse des filets voisins, et surtout des tourbillonnements qui s'y déclarent.

Marche des sables et graviers dans les rivières. — Espace annuel qu'ils parcourent.

Leur provenance.

Excès de vitesse et corrosion contre les rives concaves surtout. — Temps où les éboulements s'opèrent. — Influence d'une saillie.

Atterrissements.

Effets de la variabilité du volume d'eau.

Variabilité de la pente entre la source et l'embouchure.

Mouvement horizontal du lit dans la vallée, si les bords ne sont pas suffisamment défendus.

Travaux défensifs. — Murs de quai le long des bâtiments ou grands chemins, ou dans les endroits très-menacés. — Perrés soutenus et défendus au pied par de forts enrochements, ou par des pieux de rive avec ou sans pieux de retenue. — Hollandages ou revêtements verticaux en charpente. — Trop coûteux de construction et entretien.

Simples enrochements au pied des berges, et recoupe du haut en talus adouci. — Propriété des enrochements de retomber toujours dans les affouillements, s'il s'en reforme. — Gazonnages. — Saucissons ou fascinons avec gravier ou argile intérieurement, pour remplir le rôle d'enrochements quand on manque de pierres suffisamment grosses. — Revêtements en piquets clayonnés ou en fascinages; périodiquement renouvelés; une fois employés pour protéger des pousses de saules et d'osiers; tamaris dans les terrains salés. — Simples paillassons avec mince couche de terre végétale dessous, pour faire réussir des plantations sur des talus de craie.

Simples épis de branchages plantés horizontalement, à l'aide de deux pieux (sur la Midouze), pour amortir la vitesse et provoquer des dépôts. — Et épis clayonnés en pieux enlacés.

Régularisation du cours de la Garonne, et réduction de son lit mineur par de simples palissades ou haies sèches parallèles aux rives, et déterminant des atterrissements aux endroits convenables.

Végétation sur les rives. — Conversion des grèves en prairies (Moselle) ou en bois (Garonne).

Tunages ou massifs en fascines.

Tapis enrochés, ou plates-formes en fascines, avec cases où l'on jette des pierres pour les faire échouer au fond.

Usage en grand de ces plates-formes pour arrêter l'envahissement de la mer.

Revêtement de talus sablonneux de digues, dans les Pays-Bas, par des paillassonnages.

Ouvrages saillants. — Leurs inconvénients en lit de rivière. — Leur action souvent contraire à leur but. — Utilité de leur emploi temporaire pour détruire un obstacle ou amener un nouvel état. — Exemple du Pô. — Détails sur la défense de ses rives et de ses digues (*voyez* plus loin).

Défense des pentes dégradées.

Descente des couches de terre, cultivées et même incultes, sur les flancs des montagnes, par l'action des eaux.

Murs de soutènement en pierres sèches échelonnées. — Simples haies horizontales arrêtant les éboulements, et amenant la division de la surface en parties cultivées d'une pente modérée, et parties roides garnies de gazons et de broussailles.

Ravins. — Leur formation. — Faible quantité d'eau qui suffit pour leur donner, à la longue, des profondeurs énormes, et pour faire ébouler de vastes terrains. — Déjections dont ils recouvrent les terrains inférieurs.

Barrages proposés en échelons dans leur lit, etc.

Facilité de détourner plutôt, et le plus ordinairement, leurs eaux d'une manière complète, dans des fossés horizontaux, qui retiendront la plus forte partie de celles fournies par chaque pluie, ou dans des fossés à faible pente, qui les déverseront en nappes minces et inoffensives sur des pelouses ou des plantations, en les détournant à volonté des parties cultivées au moyen d'un simple exhaussement de la crête inférieure du fossé.

Fossés horizontaux dans certains pays vignobles.

Possibilité et profit permanent des cultures en pente au moyen de pareils fossés qui arrêtent aussi la terre éboulée et permettent de la remonter d'une petite hauteur.

Torrents des Alpes. — Leurs effets singuliers. — Leurs ravages. — Moyens divers proposés pour y mettre un terme. — Discussions. — Considérations hydrologiques sur les reboisements.

Endiguements, conquête de terrains sur les lits majeurs des cours d'eau et sur la mer; remède aux inondations.

Des digues. — Leur objet. — Leur construction ordinairement en terre (en n'appelant pas de ce nom les barrages et les épis).

Leurs profils divers suivant la hauteur, les efforts à supporter, les chances de dégradation et la nature du terrain. — Banquettes de sûreté par derrière (sur le Pô).

Inconvénients des digues longitudinales dans les grandes vallées. — Désastres qu'elles occasionnent lorsqu'elles sont franchies. — Comment elles peuvent augmenter la hauteur des submersions. — Incertitude si leur hauteur suffit pour tous les événements futurs, surtout après les modifications du régime dont elles-mêmes sont causes. Grandes crues causées par la simultanéité de l'arrivée des eaux ayant tombé sur des bassins secondaires. Influence du vent. — Marais dont les digues occasionnent la formation. — Perte des limons qui, sans elles, féconderaient la plaine et qui vont créer des marécages à l'embouchure des fleuves.

Possibilité d'y renoncer (ou, au moins, de ne conserver que des digues *submersibles* pour garantir les prairies des inondations nuisibles et ordinairement médiocres du mois de juin), en convertissant en prairies, au moyen de l'irrigation au moins printanière, tous les terrains compris dans la zone des grandes inondations, et en y creusant un réseau de colateurs pour prévenir les stagnations.

Difficulté ou impossibilité d'adopter généralement un pareil système.

Conservation, comme conséquence, des hautes digues anciennes et construction de nouvelles, en faisant la part des désastres rares et prenant des mesures pour les prévenir ou les atténuer.

Leur éloignement du lit du fleuve. — Culture possible dans les ségénaux ou golènes intermédiaires. — Valeur comparée de ces terrains submersibles et de ceux que les digues préservent. — Bourrelets qui les préservent des petites inondations.

Leur interruption nécessaire pour donner écoulement aux eaux du pays, ou établissement de clapets pour cela. — Endiguement d'affluents.

Moyen d'éviter l'ouverture de nouveaux bras quand l'endiguement n'est pas général. — Le Rhône.

Examen de l'opinion que le lit des grands fleuves s'élève comme fait le lit inférieur des torrents. — Le Pô. — Faiblesse de l'élévation pouvant résulter de l'éloignement progressif de l'embouchure.

Entretien des digues. — Travaux quand une digue du Pô est menacée. — Fermeture, en 1816, d'une brèche sur la rive gauche du Drac, près Grenoble. — Eau débitée par divers fleuves.

Autres moyens préservateurs des inondations et de leurs dégâts. — Digues-barrages de Pinay et de Laroche sur la Loire. — Multiplication des étangs. — Extension des irrigations, à l'eau pluviale surtout, et des limonages avec l'eau des crues des affluents. — Fossés horizontaux ou peu inclinés. — Pelouses et plantations. — Reboisement. — Disposition plus raisonnée des levées transversales et autres obstacles existant dans les vallées.

Conquêtes de terrains le long des torrents et des rivières.

Grande largeur des grèves parcourues par certains torrents, ou par des rivières à régime inconstant. — Inutilité de pareils espaces pour l'écoulement de leurs eaux. — Jaugeages.

Profil transversal d'un torrent. — Élévation de ses rives au-dessus des grèves moins proches.

Digues transversales provoquant des atterrissements. — Éperons dont on garnit leur extrémité. — Inutilité de les faire obliques.

Durance à Vitrolles. — Drac, torrents d'Italie, Garonne, etc.

Plantations, simples haies, etc.

Barrage des faux-bras, etc.

Conquêtes de terrains sur la mer.

Deltas à l'embouchure des fleuves.

Océan. — Marées diurnes. — Mensuelles. — Bisannuelles.

Histoire hydraulique de la Hollande, etc. — Schoores. — Polders. — Plusieurs lignes de digues. — Portes de flot et d'èbe. — Calcul de la possibilité de contenir, entre deux basses mers consécutives, l'eau qui afflue des rivières du pays. Formule pour le débouché des eaux pluviales par des clapets. — Époque de la transformation d'un schoore en polder.

Épis d'ensablement. Épis amasseurs de vase. — Têtes de mer et tunages saillants (*voyez* ci-dessus les revêtements).

Desséchement par machines. — Exemples de la Hollande. — Dessalure des terrains. — Établissement de moulins mis en mouvement par le flux et le reflux de la mer.

Conquêtes de lais de mer en France.

Travaux de fixation des dunes.

De l'estimation des travaux, et des marchés pour leur exécution.

Métrage des terrassements, soit par profils (*voyez* ci-dessus), soit par plans cotés, fournissant les bases et les hauteurs moyennes de chaque partie. — Distance de transport. — Superficie pour les dressements de talus.

Métrage de la maçonnerie. — Cube total. — Déduction des vides. — Déduction de la pierre de taille, de la brique et du béton, pour avoir le moellon. — Cube des évidements et refouillements de pierre de taille. — Distinction suivant la pose avec ou sans échafaudage.

Superficie de parement ou de taille. — Superficie des lits et joints. Inconvénient d'en comprendre le prix dans celui de la taille des parements, comme on fait ordinairement.

Quantités de mortier dans chaque mètre cube de diverses maçonneries.

Métrage des bois de charpente. — Des menuiseries, vitrerie, peinture. — Des couvertures.

Évaluation du poids des fers et fontes par leur métrage.

Tables facilitant ces calculs.

Quantités de moellons, de briques, de carreaux, de tuiles, de lattes, de plâtre en poudre, etc., nécessaires pour un mètre cube ou superficiel de tel ou tel ouvrage.

Tables donnant le nombre d'heures d'ouvriers de telle ou telle profession, isolés ou réunis en atelier, nécessaires pour faire telles et telles quantités d'ouvrages, ordinaires ou de sujétion.

Distinction faite d'avance des terres de diverses natures par le temps différent de leur fouille, à la pelle ou au pic; ou bien (deuxième méthode) distinction par le nombre de fouilleurs que l'on reconnaîtra nécessaire pour alimenter d'ouvrage un chargeur, dont le temps est pris pour unité.

Distance maximum ordinaire du jet de pelle. — Jet de sujétion. — Jet par banquettes pour les grandes profondeurs.

Quantité que peut porter chaque brouette. — Roulage par relais, en réglant la longueur du relais sur le temps nécessaire à la charge d'une autre brouette. — Modification pour le roulage en montant. — Transport par camions à bascule à bras.

Temps de voiture et de son conducteur pour le transport des terres ou matériaux. — Poids du mètre cube. — Chargement sur chemins en divers états. — Temps de l'attente pour le chargement, quand on n'adopte pas le parti de dételer et de réatteler à une autre voiture.

Distance où la voiture devient plus économique que la brouette.

Élévation des terres au *bourriquet* à poulie.

Transports par wagons sur voies de fer pour les grands terrassements.

Temps nécessaire pour les autres mains-d'œuvre, soit de maçonnerie, soit de charpente. — Temps de l'abattage, de l'ébranchage, de l'équarissage, du chargement, de la façon et du levage du bois de charpente, soit au mètre cube, soit au mètre courant, en faisant des catégories.

Ouvrages à la pièce.

Usages locaux. — Quand est-ce qu'il peut convenir de s'y soumettre.

Temps nécessaire pour le découvert, l'extraction, le transport au chantier, le bardage à pied d'œuvre de divers matériaux. — Indemnités, ou droit de carrière au propriétaire.

Cuisson du mètre cube de pierre calcaire. — Rendement en chaux. — Foisonnement par l'extinction. — Proportion de sable et façon du mètre cube de mortier. — Quantité qui entre dans un mètre cube de maçonnerie de pierre de taille, de moellon, de briques.

Composition, avec tous ces éléments, et les prix de main-d'œuvre du pays à la tâche, de séries donnant, avec le plus de division possible, le détail du prix de chaque unité. — Composition de plusieurs prix les uns par les autres.

Additions pour outils, équipages et faux frais presque impossibles à évaluer en détail, et pour bénéfices ou salaire et risque d'entrepreneur.

Contrôle des résultats de ces calculs par divers renseignements obtenus de plusieurs côtés; débats de prix, et documents puisés aux bordereaux du

Génie ou devis des Ponts et Chaussées, de voirie vicinale, de travaux de bâtiments communaux ou privés dans la localité. — Expériences au besoin.

Application des prix ainsi obtenus aux quantités fournies par l'avant-métrage des travaux à faire. — Addition d'une forte somme à valoir pour ouvrages imprévus.

Devis ou description des travaux. — Cahier des charges imposant l'ordre, le temps et les conditions d'exécution et de payement, avec clauses pénales pécuniaires. — Indication de l'*emploi* de chaque partie de déblai à un remblai. — Indication des repères. — Clauses et conditions générales à peu près communes à toutes les entreprises. — Contentieux à ce sujet. — Distribution convenable d'exemplaires autographiés des dessins de l'ensemble à chaque ouvrier chargé d'une partie.

Exemples nombreux de prix calculés de divers ouvrages dans des localités variées; exemples de ce qu'ont coûté des édifices. — Réduction des dépenses au mètre courant, cube ou superficiel d'ouvrages tout faits, tels que fossés, canaux de telle dimension, y compris ouvrages accessoires; ponts, bâtiments à un ou plusieurs étages, hangars, etc., afin de mettre à même de faire des aperçus comparatifs.

Prix des machines suivant la force.

Montant des dépenses pour convertir des terres arables en prés arrosés, dans diverses localités, en comprenant les ensemencements, l'épierrement, la privation de deux années de produit, etc.

Indemnités de terrain, etc.

PARIS. — IMPRIMERIE DE BACHELIER,
rue du Jardinet, n° 12.

www.ingramcontent.com/pod-product-compliance
Ingram Content Group UK Ltd.
Pitfield, Milton Keynes, MK11 3LW, UK
UKHW020329250726
13967UKWH00004B/1935